［苏］雅科夫·伊西达洛维奇·别莱利曼　著　　李依臻　译

趣味物理学

进阶篇

云南美术出版社

果麦文化　出品

目　录

i

v

第一章

力学基础

最简便的出行方式

17世纪的法国讽刺作家西哈诺·德·贝尔热哈克曾在其著作《月球简史》中描述过一件据说是亲身经历的神奇事件：一天，他在做实验时，忽然身体与实验仪器升到半空，过了半晌，当他降落到地面上时，却惊奇地发现自己并非身在法国，甚至不在欧洲，而是来到了加拿大。奇怪的是，西哈诺·德·贝尔热哈克对这次跨洋飞行深信不疑，他坚称，当他在空中时，地球继续向东旋转，因此他降落到了加拿大而非法国。

不得不说，这真是一种又便宜又省事的出游方式。只需升到空中停留片刻，就能一路向西，去一个完全不同的地方。这种方式若是可行，又何苦再鞍马劳顿？只需在空中等待稍许，就能抵达目的地。

可惜这一切都只是想象。首先，半空中的我们并没有真正与母星地球分离，我们仍然联系在一起，因为包裹我们的空气也参与地球的自转。空气——或者说密度较低的气层——以及空气中的云、鸟、虫、飞机，都随着地球一同旋转，倘若空气不与地球一起旋转，那我们就会被猛烈的风暴所席卷，与这种风暴相比，最糟糕的飓风也如同和风一般（飓风或龙卷风的风速是40米/秒或144千米/小时，而在圣彼得堡的纬度，地球将载着我们以230米/秒也就是828千米/小时的速度在空气中穿行）。

无论是我们静止，空气流动，还是空气静止，我们运动，都没有什么区别，在这两种情况下，我们所感受到的风力是相同的。假若有人骑自行车以100千米/小时的速度前行，即使是在平静无风的天气里，也得顶风行进。即使我们能够升到大气层的顶端，或者如果地球根本没有大气层，我们也无法采用贝尔热哈克所描述的那种简便的旅行方式。实际上，当我们离开旋转的地球表面时，我们将继续以相同的速度——地球在我们脚下移动的速度——在惯性的作用下继续移动。再次回到地球上时，我们会发现自己还在之前的位置。这就像是在行驶的火车车厢内跳跃，离地和落脚的位置是相同的。诚然，我们在惯性力的作用下（沿切线）做直线运动，我们脚下的地球是在追踪一条弧线，但在较小的时间间隔内，这一点可以完全被忽略。

停下吧，地球

著名英国科幻小说家 H.G. 威尔斯写过一个关于拥有奇迹之力的平凡职员的故事。小职员福瑟林盖虽然只是一个性格沉闷的年轻人，命运却赋予了他惊人的能力，使他表达的任何愿望都能立即实现。但事实证明，这种奇妙的能力只带来了麻烦。本文要讲述的是这个故事颇具启发性的结尾：

一次酒宴过后，小职员担心凌晨回家会被家人责备，便设想用自己的能力来延长夜晚。他想了想可行的方法，决定命令群星停下脚步，但这超出了他的能力范围，当朋友建议他留住月亮时，他长看了一眼，喃喃说道：

"有点远啊。"

"为什么不试试呢？"梅迪格先生说，"当然月亮没法驻足，但你可以阻止地球转动……你知道的，又不是要做什么坏事。"

"嗯……好吧。"福瑟林盖先生叹了口气说道，"我来试试……"

他扣上外套，鼓起勇气，调动能力，对他栖居的这颗星球说道："停止转动吧，好吗？"

他起先不受控制地以每分钟几十英里（1英里约为1.6千米）的速度在空中飞来飞去。尽管他每秒都要无数次沿着轨道环行，但他仍然祈愿："让我平安无恙地落地。不管发生什么事，让我平安无恙地落地。"

话音刚落，他便跌跌撞撞地倒在一片新翻的泥土中。成片的金属和砖瓦弹到他身上，继而又飞向其他的砖瓦和石头，就像是一颗颗炸弹。一头狂奔的牛撞上了其中一块较大的石头，情形如击石之卵一般。一股巨风在天地间咆哮，使他几乎无法抬头看个清楚。

"天哪！"福瑟林盖先生喘着粗气，在大风中几乎说不出话来，"我的嗓音怎么变得这么尖！到底发生了什么事？这狂风，这惊雷……梅迪格竟叫我做这种事情……"

福瑟林盖先生费力地抓住在风中翻飞的外套，并向四周张望："天空宁静，明月高悬……但是其他的呢？——村子在哪里？其他的一切都在哪里？这风是怎么吹起来的？我可没召唤这狂风。"

福瑟林盖先生挣扎着想要站起身，却是白费力气，尝试一次未果，他便在暴风中伏倒在地。他打量着月光下的这处背风面，外套的衣摆飘荡在他头顶。"出大事了，"福瑟林盖先生喃喃道，"天知道这是怎么回事……"

福瑟林盖先生察觉到他的奇迹之力失灵了，随之而来的是他对这份力量的嫌恶。此刻他身处黑暗之中，因为席卷的乌云遮蔽了皎月，他眼中的一束月光匆匆而逝，周遭空气阴冷似冰。天地间风嚎雨啸，透过尘土与雨雪，沿着风的方向，借闪电的一刹那的光亮，可以看见一堵巨大的水墙向他涌来……

"停下！"福瑟林盖先生对着奔涌的水流哭号道，"上帝保佑！快停下！"

"等等！"福瑟林盖先生向雷电嚷道，"停下……"

他匍匐在地，竭力想要将一切复原。

"哦！"他说，"在我说'结束'之前，先别让我的任何命令生效。"

"现在，我要说！切记我刚才说的那句话。首先，当我要说的都说完之后，让我失去我的奇迹之力吧，让我的意志与其他人的意志一样，让所有这些危险的奇迹都停止……其次，让一切回到奇迹发生之前……奇迹不再，一切如旧，回到我在长龙酒吧喝上半品脱（1品脱约为568毫升）的时候……"

空邮

想象一下你正在万里高空的飞机上，往下看，你会看到一个熟悉的地方——你与朋友家越来越近。你想要知会他一声，于是快速地在本子上写下几句话，把纸撕下来，再把它绑在一个有一定分量的物件上——为方便起见，我们称之为重物——待到飞到朋友家的正上方时，就丢下去。如果你觉得能丢到朋友家的花园里，那就大错特错了。即使朋友的房子就在飞机正下方，你也绝对丢不进去。

如果你继续观察重物下落的过程，就会惊奇地发现：重物会沿着飞机运动的方向运动，就像有一条看不见的线系在重物与飞机之间，而当重物落地时，又与目的地相距甚远。

这又是惯性的一个表现，它使贝尔热哈克所说的那种旅行方式落了空。当重物在飞机上时，它与飞机一起运动。但是，当它被扔下飞机时，它并没有失去初始速度，它在下落时仍然与飞机同向运动，这两种运动（垂直的和水平的）最终形成了一条弯曲的轨迹，使它始终在飞机下方，当然，前提是飞机不偏离原来的路线或者飞得更快。事实上，重物所遵循的轨迹与水平抛出的物体的轨迹相同，例如，从端平的步枪中发射的子弹，也会沿着一条弧形的轨迹落到地面上。

　　但请注意，上述情况成立的条件是没有空气阻力。而实际上，空气阻力对垂直和水平运动都会造成阻碍，最终使重物逐渐落后于飞机。

　　当飞机在高空高速飞行的时候，极可能偏离铅垂线轨迹，在无风的日子里，从一架飞行速度为100千米/小时、高度为1000米的飞机上落下的重物，会在飞机正下方位置的前方400米左右处着陆（图1）。这个问题并不难解，当然前提是忽略空气阻力。由匀加速运动的公式：$S=\dfrac{gt^2}{2}$，可得出$t=\sqrt{\dfrac{2S}{g}}$。这意味着，重物从1000米处落下的时间为 $\sqrt{\dfrac{2\times1000}{9.8}}$，也就是14秒。

　　在这个时间里，它在水平方向的位移是$\dfrac{100000}{3600}\times14\approx390$米。

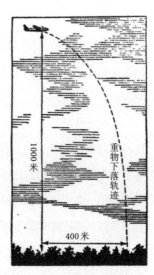

图1　从飞行的飞机上落下的重物不会垂直下落，而是沿曲线下落

（图中文字：1000米　重物下落轨迹　400米）

7

不停歇的轨道

从站台跳上一辆疾驰的列车无疑是一件难事。但是，假设站台是移动的，而且与火车运行速度一致。那跳上去会很困难吗？

当然不难。你能够像登上一列静止的火车一样轻松地上车。一旦你和火车以相同的速度向同一方向移动，对你来说，火车就处于静止状态。它的车轮确实在转动，但对你而言，这只不过意味着时间的流逝。

严格来说，所有我们通常认为是静止的物体——例如，一列停靠在火车站的火车——实际上都在和我们一起围绕着地轴和太阳运动。

就实际情况而言，我们可以很容易地让一列火车在不停靠的情况下载客和卸客。在各种展览和展会上经常会有这样的安排，让参观者能够迅速和方便地看到所有要观览的东西。场地的入口和出口由一条不停歇的轨道连接起来，乘客可以在他们方便的时候上车或从移动的车厢下车。

图2和图3将这个有趣的想法进行了细化。图2中的 *A* 和 *B* 是终点站的设计。每个终点站都有一个圆形的固定平台，位于一个大的旋转圆盘的中间。一节节的车厢环绕于两个终点站之间。现在让我们看看，圆盘旋转时会发生什么呢？车厢会围绕着

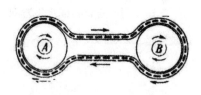

图2　*A*、*B* 两站之间无须停车的轨道
（图3向我们展示了它的运行方式）

8

圆盘旋转，其速度与圆盘边缘的速度相同。因此，乘客可以安全地从圆盘跳上火车，或从火车跳下圆盘。下车后，乘客走向圆盘中心的终点站。从旋转圆盘的内缘走到固定平台的路程十分轻松，因为当半径变短的时候，圆周速度就会变慢（内缘上的点自然比外缘上的点移动得更慢，因为在同样的时间内，它描画的圆周要小得多）。现在乘客只能通过天桥到达铁轨两边（图3）。

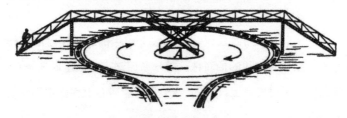

图3 无须停车的车站

这种方式因为没有频繁地停车，所以节省了很多时间和耗能。而在现实中，电车会将大部分时间和近67%的耗能花费在启动时加速和停车时减速的过程中。顺便提一句，通过使电车的电动机像发电机一样运行并向电路提供反向电流，可以节省减速时的耗能。运用这种方法，柏林夏洛特堡的电车电力支出减少了30%，该方法现在（作者成书年代，书中其他表示"现在"的词汇都指作者成书年代）也广泛地应用于现符拉迪沃斯托克（海参崴）—莫斯科的电车线路。

火车站甚至可以不配备专门的移动平台来让火车在途中载客和卸客。想象一辆特快列车飞速地驶过站台，我们希望它不必停靠就能载上更多的乘客。要做到这一点，就需要乘客乘坐另一辆在平行轨道上的辅助列车，这列火车将加速至特快列车的速度。

当两列火车平行时，它们将处于彼此的静止状态。乘客就能通过舷梯轻松地从辅助列车转移到特快列车上，这样，特快列车就不必在车站停靠了。

自动人行道

另一个迄今为止仅仅在展览会上应用的装置是自动人行道，其原理为运动的相对性。第一条自动人行道出现在1893年的芝加哥世博会上。1900年的巴黎世博会上也配用了自动人行道。

图4展示了一组由5条步道组成的自动人行道。每条步道都以不同的速度移动，最外面的一条是最慢的，它的速度是5千米／小时，相当于我们步行的速度，这让我们可以很轻松地踏上去。旁边第二条步道的速度达到了10千米／小时，如果我们要从静止的区域跳上去，恐怕会很危险。但从第一条步道跨上

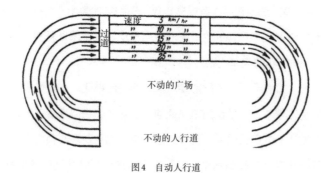

图4　自动人行道

去就很简单，因为相对于速度 5 千米 / 小时的第一条步道，速度 10 千米 / 小时的第二步道是以 5 千米 / 小时的速度移动。这意味着，从第一条步道踏上第二条步道，就像从地面踏上第一条步道一样容易。第三条步道的速度是 15 千米 / 小时，但能很轻易地从第二条步道踏上第三条步道。所以从第三条步道也能很轻易地踏上速度为 20 千米 / 小时的第四条步道，最后从第四条步道来到速度为 25 千米 / 小时的第五条步道。乘客踏过一条条步道，最终抵达目的地，再次回到坚实的地面上。

难解的定律

在牛顿的力学三大定律中，没有一个定律像著名的第三定律——作用与反作用定律——那样令人困惑。每个人都知道它，有人甚至知道如何正确地运用它，然而，很少有人能完全理解它。你可能很幸运地一下就掌握了它的含义，但我承认，我花了 10 年时间才找到问题的核心。

与我讨论过这个定律的大多数人都愿意承认它是正确的，但对几点基本认知仍持保留意见。他们愿意承认第三定律适用于静止的物体，但不能理解它如何适用于运动的物体。根据该定律，每一个作用力总有一个与其相等且相反的反作用力。因此，当一匹马拉着一辆马车时，马车应该正以同样的力量拉着马。在这种情况下，马车应该留在原地，不是吗？但它还是动了。既然这些力是相等的，为什么不互相抵消呢？

这是讨论这个定律时经常听到的问题，这是否意味着这个定律是错误的呢？当然不是，只是我们没有正确地理解它。这些力并没有互相抵消，而是施加在不同的物体上：一个施加在车身上，一个施加在马身上。这些力当然是相等的，但相等的力是否总是产生相同的作用？相等的力是否会给所有的物体带来相等的加速度？难道对一个物体的作用力不取决于这个物体本身以及物体对力的"反作用力"的值吗？一旦想到这一点，你就会立即察觉：为什么尽管车以同样的力把马拉回来，但马仍会拉着车走呢？你会发现，作用在车上的力和作用在马身上的力在每一时刻都是相等的，但由于车依靠车轮轻松地滚动前进，而马依靠马蹄勉力地推离地面，所以车会向马拉它的方向移动。另外你要知道，如果没有车对马的反作用力，我们就完全不需要马，因为即使最轻微的推力也会使车移动。我们需要马来克服车的反作用力。

如果这个定律不像通常那样简单地表达为"作用等于反作用"，而是表达为"作用力等于反作用力"，也许更易于领会。因为相等的只是力。而作用——如果像通常那样把"力的作用"理解为"物体的移动"——因为受力的物体不同，一般来说是不相等的。

1934年2月，苏联的"切柳斯金号"探险船在北极地区被浮冰挤碎。牛顿第三定律可以完美地解释这场事故的成因：当冰块挤压"切柳斯金号"的船体，船体便以相同的力量挤压冰块，灾难的发生正是因为厚厚的冰层能够承受这种压力而不溃决，空心的船体却屈于这种力量而被挤碎，尽管它是由钢铁制成的。

在下落过程中，每个物体都同样遵循作用与反作用定律，尽管两种作用力无法同时显现。苹果之所以坠落，是因为它被地球的引力所吸引。然而，苹果本身也以完全相同的力量吸引着地球。严格说来，苹果和地球相向坠落，但它们的下落速度是不同的。相互吸引的力量赋予苹果10米/二次方秒的加速度，而赋予地球的加速度则与其质量相反，地球的质量比苹果大多少倍，地球的加速度就比苹果小多少倍，由于地球的质量远远大于苹果的质量，所以地球的运动微乎其微，以至于实际中被忽略不计。因此我们要说"苹果落在地球上"，而不是"苹果和地球相向而落"。

巨人斯维亚托戈尔之死

在俄罗斯民间神话中有一位叫斯维亚托戈尔的大力巨人，他曾尝试过举起大地。而在另一个我们熟知的故事里，阿基米德也有此意。阿基米德说他需要一个杠杆才能撬动地球，而斯维亚托戈尔力大无穷，无须借助杠杆，只用有力的双手就能托举大地。

"若是有个把手，我就能举起整个大地。"
斯维亚托戈尔从他忠诚的骏马上翻身而下，
双手握住装有大地所有重量的袋子，

然后将它举过膝盖，

然而他的脸上没有泪水只有奔流的鲜血。

他沉入土地，无法脱身，

最终失去了性命。

如果斯维亚托戈尔知道作用与反作用定律，他就会意识到，当他的力作用于地球时，会造成同样巨大的反作用力，将他拉入土地。不过无论如何，这个传说告诉我们，地球在受到作用力时产生的反作用力在很久以前就被观察到了。在牛顿首次阐释反作用定律之前，人们已经在无意之中将它应用了数千年。

人可以在没有支撑的情况下行走吗

我们通过双脚推离地面或地板来实现行走，而在非常光滑的地面或冰面上，双脚无法有力地蹬送，因此我们难以畅行。蒸汽火车通过驱动轮推动轨道来实现运动，但如果我们在铁轨上涂抹油脂，火车就会停在原地。天寒地冻时，为启动火车，就要在驱动轮前的铁轨上撒上沙子。铁轨在问世之初是齿轮状的，这正是因为人们认为通过车轮推动铁轨，火车才能运行。轮船通过船桨或螺杆拨动水浪来航行；飞机通过螺旋桨搅动空气来翱翔。一言以蔽之，在任何介质中移动的物体，都要将这种介质作为支撑。如果物体没有任何支撑，还能继续移动吗？

你一定觉得不可思议，是不是？就像抓着头发把自己提起来一样，只有吹牛大王蒙赫豪森男爵才能做到，但这种看似不可能的运动很常见。诚然，物体不可能仅仅依靠内在的力而自己运动。但它可以使自己的一部分向一个方向移动，其余部分向相反的方向移动。你可能看到过火箭在空中呼啸而过，但你有没有停下来想一想，为什么它会腾空而上呢？它为我们现在所讨论的这种运动提供了一个生动的例子。

火箭为何升空

即使是物理专业的学生，也常有人对火箭飞行做出完全错误的解释。他们声称，火箭之所以冉冉上升，是因为借助了火药燃烧产生的气体而推离空气。顺带一提，古代人（古代人在很早很早以前就发明了"火箭"）以及很多现代人仍持这一观点。但是，如果我们在真空中发射火箭，火箭不但能够飞起来，甚至比在空气中的速度更快，可见火箭升空的真正原因并非如前文所述。

因企图刺杀沙皇亚历山大二世而被处决的俄国革命家基巴尔奇在临终笔记里详尽地描述了火箭的运动和飞行器的发明。在阐释军用火箭的设计时，他写道："在一个一端封闭、另一端开放的锡质汽缸中，塞满压制好的火药，中间留有一条真空管道。火药的燃烧从这条管道的内表面开始，在一定的时间内扩散到火药的外表面。燃烧的气体会向四面八方施加压力：横向的气体压力彼此抵消，而施加在锡质汽缸底部的压力没有被相反的压力所抵消，因为气体有一个自由的出口，于是火箭就会向指定的方向推进。"

同样的情形也发生在射击时：子弹向前飞去，而枪体向后移动。想象一下步枪或其他火器在射击时的后坐力！如果把枪悬挂在半空中，没有任何东西可以支撑，在射出子弹后，它将向后移动，它的速度同子弹向前运动的速度的比，等于子弹的重量同枪重量的比。

在儒勒·凡尔纳的科幻小说《底朝天》里，主人公甚至想用巨型大炮的后坐力来完成一项雄心壮举——摆正地轴。

火箭其实也是一种枪炮，但它喷射的不是子弹，而是燃烧的气体。正是这一点解释了所谓的"凯瑟琳轮"的旋转，你可能在烟花表演中看到过它：当装在轮子上的火药管燃烧时，气体从一端喷出，火药管以及与它相绑的轮子一起向相反的方向运动。从本质上讲，这只是对著名的物理装置"塞格纳轮"的一种修改。

有趣的是，在发明蒸汽船之前，曾有一个基于同样原理的机械船的方案。该项方案意在通过安装在船体上的强大水泵喷射出水柱，从而将船向前推进，就像学校物理实验室里用来证明上述原理而使用的漂浮在水面上的铁罐一样。这个方案在当时没有实现，但它帮助富尔顿发明了蒸汽船。而时至今日，许多喷水推进船已在苏联建成。

　　我们还知道，最古老的蒸汽机，即公元前2世纪亚历山大港的希罗制造的，也是依据同样的原理：锅炉中的蒸汽（图5）沿着管道进入一个安装在水平轴上的球里，然后从两个弯管喷出，将这些管子向相反的方向推动，并使球体开始旋转。可惜希罗的汽转球在那时只是一件有趣的玩具，因为在古代，劳动力价格低廉，没有人想要使用机器。但是其中的原理并没有被遗忘，如今它被应用于制造涡轮喷气发动机。

　　牛顿不仅是作用与反作用定律的发现者，同时也是蒸汽汽车最早的设计者之一，蒸汽汽车的运作也基于上述相同的原理：锅炉中的蒸汽向某个方向喷发，将锅炉推向相反方向，使车缓缓前行（下页图6）。

图5　世界上最古老的蒸汽机，大约在
公元前2世纪由亚历山大港的希罗制造

图6 蒸汽汽车，据说是由牛顿发明的

蒸汽汽车是牛顿对马车所进行的一次现代化改良。

对于爱动手的读者们，可参考图7制作一艘类似于牛顿蒸汽汽车的纸船：用一个空蛋壳做锅炉，再用一块浸泡酒精的棉花放在蛋壳下方做燃料。从蛋壳中升腾的蒸汽可以将小船送往相反的方向。但请注意，要做好这种益智类的玩具，须有一双灵巧的双手。

图7 纸和蛋壳制作的蒸汽小船，少量酒精作为燃料，
从蛋壳中升腾的蒸汽将小船送往相反的方向

乌贼是怎样游泳的

你可能会惊奇地发现，对许多生物而言，"抓着头发把自己提起来"是一种很平常的游泳方式。墨鱼和大多数头足类动物都是以这种方式在水中运动的。它们通过身体侧面的缝隙和头部的特殊漏斗将水吸入鳃腔，再通过这个漏斗将水喷出体外。这样，根据反作用定律，它们得到了相反的推力，足以使它们的身体向前游动。顺带一提，乌贼可以把它的漏斗管指向旁侧或后方，然后用力排水，向任何方向移动。

水母的运动方式也是这样的。它们通过收缩肌肉，将水从伞状的身体下面喷射出来，从而获得反推力。纽鳃樽、水蚤以及其他一些水生生物也以类似的方式在水中游动。现在，你还会怀疑这种运动方式吗？

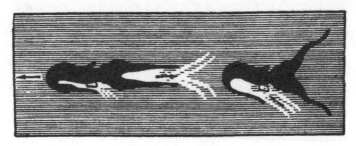

图8　乌贼是怎样游泳的

搭乘火箭遨游星际

　　还有什么比在星际之间穿梭遨游更令人激动呢？以此为题的科幻小说简直不胜枚举。伏尔泰的《小麦加》、儒勒·凡尔纳的《月球旅行记》和《赫克特尔·雪尔瓦达克》、H.G. 威尔斯的《月球上的第一批旅客》，以及许多同类的声名稍逊的作品都引发了我们对宇宙航行的畅想，当然，这畅想仍是幻梦，因为我们仍然是人类星球的囚徒。

　　人类千百年来的幻想难道不能成真吗？难道科幻小说里描述的那些逼真而精巧的设计不能付诸现实吗？

　　我们稍后还会谈到星际旅行的奇妙设计，现在，让我先来介绍一下由著名科学家康斯坦丁·齐奥尔科夫斯基率先提出的宇宙飞船的方案。

　　我们能乘坐飞机抵达月球吗？当然不能。因为飞机和飞艇之所以能够飞，是因为它们受空气支撑并借力于空气，而地球和月球之间是没有空气的，而且，在宇宙中，几乎没有什么介质的密度足以支撑星际飞船。因此我们必须发明一种无须任何支撑也能自由行驶的工具。我们已经熟悉了类似的工具——火箭，那为何不建造一个巨大的火箭，将人、物资、空气罐和其他各类必需品装载其上呢？设想一下，人们已经能够携带大量的燃料乘火箭升空，并且控制爆炸的气体向任何方向喷发。这是一艘真正的可操控飞船，它能够把我们带到月球和其他行星。乘客可以通过控制气体喷射力，来为飞船安全地加速。如果他们想在某个星球上着陆，可以逐渐减速降落，还可以使用相同的方式返回地球。

　　我们不妨回想一下，不久前，飞机才谨慎地进行了试飞。而如今，它们已能够跨越山河湖海与荒漠大陆。那么二三十年后，星际航行能否拥有同样的盛景？想必到那时，人们就能挣脱地球无形的锁链，去往无垠的宇宙（请小读者们知悉，这本书的成书年代距离人造卫星、月球探测器以及宇宙飞船的发射还有很久很久）。

第二章

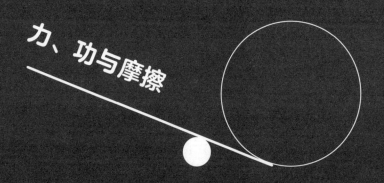

力、功与摩擦

天鹅、龙虾与狗鱼的故事

作家伊万·克雷洛夫曾改写过《天鹅、龙虾与狗鱼拉车》的寓言故事，这则故事脍炙人口，却似乎没有人从力学的角度研究它。但倘若我们细想一下，就会得出与克雷洛夫截然不同的结论。

我们要解决的是几个彼此呈角度的力的问题——天鹅飞入云霄、龙虾躬身向后、狗鱼潜入溪流。图9清楚地画出了这3种力：天鹅向上的拉力、狗鱼向侧的拉力（OB）和龙虾向后的拉力（OC）。不要忘记还有第四种力，那就是小车的重量，它是向下的。克雷洛夫在寓言中说，小车仍然留在原地，或者换句话说，施加在小车上的所有合力为0。

但事实果真如此吗？天鹅向上的拉力不仅不会妨碍龙虾和狗鱼的行动，甚至还帮助了它们。因为天鹅的拉力与地球的重力方向相反，它减少了车轮跟地面和车轴的摩擦，进而减轻了小车的重量，甚至可能完全抵消了它的重量——因为寓言中说到过，这辆车似乎是很轻的。为简单起见，让我们假设天鹅的拉力确实抵消了小车的重量。现在只剩下两个力——龙虾的拉力和狗鱼的拉力。从寓言中我们得知，龙虾向后退，而狗鱼向水里钻。按理说，溪流一定是在车的侧面而不是前面（这3个劳动者肯定不会想要把车拉进水里），这就意味着，龙虾的拉力和狗鱼的拉力是彼此呈角度的。如果它们施加的力不在一条直线上，那么合力就不可能等于0。

按照力学定律，我们以 OB 和 OC 为边，构建一个平行四边

图9　根据力学原理解决克雷洛夫笔下的天鹅、龙虾与狗鱼拉车的问题
[合力（OD）会把车拉进河里]

形，其对角线 OD 代表合力的方向和大小。显然这个合力能使小车移动，况且小车的重量已经被天鹅的拉力完全或部分抵消。另一个问题是小车将向哪个方向移动，向前、向后还是向侧面？这就取决于几个力的大小以及它们之间的角度。

倘若有读者对力的合成与分解有实际应用的经验，就能意识到，即使天鹅的拉力没有抵消小车的重量，小车也不能保持原状。只有当车轮与车轴之间或车轮与道路之间的摩擦力大于合力时，小车才不会移动。但在这种情况下，小车就不会像寓言中所说的那样轻。无论如何，克雷洛夫都没有理由确认小车会停在原地，不过当然了，这并不会改变故事的寓意。

与克雷洛夫的意见相左

克雷洛夫借这则寓言表达了他的观点："伙伴之间若离心离德，就会一事无成。"但这句话并不总是与力学相吻合。几个不同方向的力，还是能够产生一定的效果。很少有人知道，那些被克雷洛夫誉为模范劳动者的蚂蚁，实际上正是通过他所嘲笑的方式进行工作，并且完成得相当顺利，这正是力的合成的表现。如果你花点时间观察蚂蚁的工作，就会发现它们所谓的协同合作只是一种假象，实际上每只蚂蚁都在为了自己工作，并不关心其他蚂蚁在做什么。

动物学家埃拉基奇在他的《本能》一书中对蚂蚁的工作进行了如下描述：

当几十只蚂蚁在地面上拖动一只巨大的猎物时，所有的蚂蚁都以同样的方式一齐用力，从表面上看它们在协力工作，然而，当猎物——譬如，一只毛毛虫——被草叶或卵石所阻挡，蚂蚁们只能绕道而行的时候，你就会清楚地看到，每只蚂蚁都自顾自地奔窜（图10和图11），并不考虑与同伴合作。一只蚂蚁向右拉，另一只蚂蚁向左拉；一只蚂蚁向前推，另一只蚂蚁向后拽。它们换着地方扯拽毛毛虫的身体，按照自己的意志或推或拉。有时，4只蚂蚁推动毛毛虫向某个方向移动，而6只蚂蚁推动毛毛虫向另一个方向移动，最终毛毛虫会不顾4只蚂蚁造成的阻力，而向6只蚂蚁推动的方向前进。

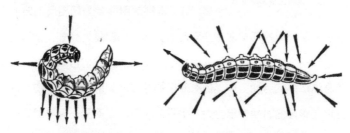

图10　蚂蚁拖拽毛毛虫

图11　蚂蚁是如何拖拽猎物的
（箭头表示每只蚂蚁用力的方向）

　　容我再列举一例来阐明蚂蚁之间这种虚假的合作。图12画着一块长方形的奶酪。有25只蚂蚁正在拽动它。奶酪块慢慢地朝箭头 A 指示的方向移动。你可能会想，当前排的蚂蚁把奶酪往前拉的时候，后排的蚂蚁会把奶酪往前推，侧边的蚂蚁也会帮助它们的同伴，但事实并非如此。拿小刀把后排的蚂蚁拨开，结果这块奶酪移动得更快了！由此可知，后排的11只蚂蚁在把奶酪往后拉而不是往前推：每一只蚂蚁都奋力地想将奶酪向后拉入蚁巢。这意味着，后排的蚂蚁不仅没有帮助前排的蚂蚁，反而在不断地阻挠它们，抵消它们的力量。实际上，4只蚂蚁的力量就足以拉动奶酪，但是由于行动不一，所以需要25只蚂蚁才能把这块奶酪搬进蚁巢。

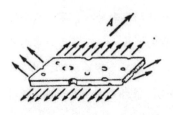

图12　蚂蚁是如何沿着箭头 A 的方向
将奶酪拖到蚁巢的

马克·吐温曾在偶然间发现了蚂蚁们协力工作的假象。他讲道："有两只相遇的蚂蚁，其中一只蚂蚁找到了一条蚂蚱的腿，它们各自擒住蚂蚱腿的两端，用尽全力朝相反的方向拉扯。两只蚂蚁都觉得有些不对劲，却不明白是为什么。于是它们相互指责，争吵不休，最后打起架来。后来它们言归于好，又像原先那样徒劳地工作，但有一只蚂蚁在打架的时候受了伤，尽管它在搬运的时候使出全力，仍是落了下风，而另一只身无大碍的蚂蚁则努力地拖拽着蚂蚱腿和它受伤的伙伴，最终把它们一齐拖入了蚁巢。"

尽管马克·吐温是以戏谑的语气来讲述这个故事，但他说得完全正确："原来蚂蚁并非辛勤的劳动者，除非是在某些观察者的眼中。这些人无一不是缺乏经验、一派博物学家做派的人，他们一边看，一边还好像在做什么记录。"

敲碎一枚蛋的壳

在19世纪伟大的俄国作家果戈理的小说《死魂灵》中，有一个叫作莫基·基法维奇的角色，此人尤爱"研究哲学"，他曾经绞尽脑汁地思考过这样一个问题："假如大象是在蛋中出生的，那蛋壳岂不是很厚？我敢打赌，哪怕是用大炮也打不穿它，既然如此，就得发明一种新式的枪炮！"

我敢打赌，如果有人告诉这位哲学家，薄薄的蛋壳并不像看起来那么脆弱，他一定会惊诧万分。像图13那样用手掌挤碎一枚鸡蛋是很困难的，你需要花很大的力气才能做到。如果你想试一试的话，一定要小心别被蛋壳的碎片扎到。

蛋壳之所以如此坚固，是因为它具有拱形结构，这也是拱顶与拱门异常坚固的原因。

图14向我们展示了一个拱形石窗。石窗中央的楔形石块 M 承受着重量 S（窗顶的砖墙重量），我们用箭头 A 来表示这个压力。根据平行四边形法则，力 A 被分解成了两个力，我们分别用 C 和 B 来表示。这两个力被相邻的两块石块提供的阻力所抵消，同样地，这两块石块也受到了与它们相邻的石块的阻力，因此，石窗不会被轻易地压垮。不过，倘若从内侧给予石窗压力，就很容易破坏它，毕竟楔形石块的结构可以防止墙体向下掉落，但

图13　用这样的方式
压碎鸡蛋并不容易

图14　为什么石拱窗如此坚固

29

无法防止墙体被向上推。

现在我们再来观察一下蛋壳，它的构造也是拱形的，而且是一个拱形的整体，即使受到外力的压迫，它也很难被挤碎。你可以尝试一下将4个生鸡蛋放到橡木桌的4个桌脚下，鸡蛋也不会被压碎（在做这个实验时，最好将易黏附石灰质蛋壳的石膏黏在鸡蛋周围，以保证鸡蛋不会西歪东倒）。

现在我们就能理解为什么孵蛋的母鸡不用担心自己会把鸡蛋压碎，而弱不禁风的雏鸡只要轻轻一啄，就能破壳而出。

当我们用勺子从侧面轻轻敲击蛋壳，它马上就会破裂，然而它抵挡了自然界中强大的压力，为鸡胚的发育提供了坚强的护盾。

蛋壳理论也解释了看似脆弱的电灯泡为何如此坚固。而且，灯泡几乎是中空的，内部没有任何物质来抵御外部空气的压力，这意味着它比鸡蛋更加坚固。要知道，一个直径为10厘米的灯泡要承受75千克以上的合外力，相当于一个成年男性的体重。已经有实验证明，如果是真空灯泡的话，承受的压力甚至可以达到这个压力的2.5倍。

逆风航行的帆船

帆船是如何做到逆风航行，或像水手所说的那样"前侧风"航行呢？水手们会告诉你，帆船无法正顶着风航行，只能在跟风向呈锐角时前进。这个锐角非常小，大约是 $\frac{1}{4}$ 个直角，约为 22度。但我们很难理解顶风行驶和与风向呈22度角行驶之间能有什么区别。

实际上，这两种情况确实有区别。让我先来解释一下帆船如何在与风向呈锐角的时候航行。首先，我们来看看，一般情况下，风是如何作用于帆的，或者换句话说，当风吹向帆的时候，会把帆往哪个方向推。你大概会认为，风总是会把帆推向它所吹的方向，但事实并非如此，无论风往哪里吹，它都会把帆推到垂直于帆面的方向。我们假设图15中箭头所示的方向就是风吹的方向，AB 线表示帆，由于风均匀地作用于帆的整个表面，我们可以用施加在帆中心的作用力 R 来代替风的压力。把这个力分解成两个力：垂直于帆的作用力 Q 和跟帆平行的作用力 P（图15右），作用力 P 不能推动帆，因为风和帆之间的摩擦太小，可以忽略不计。剩下的只有作用力 Q，它沿着垂直于帆的方向推动着帆。

认识到这一点，我们就很容易理解为什么帆船能够在跟风向呈锐角的情况逆风航行。假设图16中的 KK' 线表示帆船的龙骨线，风沿着与这条线呈锐角的方向吹。AB 线表示帆，我们把帆转到某个位置，使它刚好平分龙骨方向和风的方向之间的角。现在我们来对图16中的力进行分解。力 Q 表示

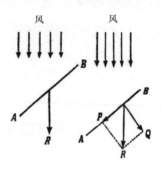

图15　风把帆推向垂直于帆面的方向

风对帆的压力，这个力垂直于帆。对这个力进行分解，我们得到垂直于龙骨的力 R 和沿龙骨线向前的力 S。由于船朝着力 R 的方向运动时，会遇到水的强大阻力（帆船的龙骨直至水流深处），力 R 几乎被水的阻力完全抵消。剩下的只有向前的力 S，正如诸位读者所见，它向前推动着帆船，因此船在航行时与风向呈一个角度，就像在逆风前进一般（可以证明，当帆面平分龙骨方向和风的方向所呈的角时，力 S 最大）。这种"之"字形的航行方式（图17），被水手们称为"抢风行船"。

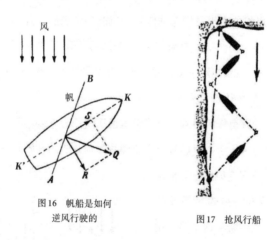

图 16 帆船是如何逆风行驶的

图 17 抢风行船

阿基米德真的能撬动地球吗

"给我一个支点，我能撬起地球！"传说这是古希腊著名物理学家阿基米德的豪言壮语。普鲁塔克曾在其著作中描述道："有一次，阿基米德给他的亲戚和朋友叙拉古国王希伦写了一封信。他在信上说，如果给他一个支点，他能撬动任何重物。他对这一理论已经达到了自负的程度。他还妄言道，如果有另一个地球，他就能在另一个地球上撬动我们栖居的地球。"

阿基米德认为，如果他有一根杠杆，即使以最弱的力量也能撬动最重的物体。我们只需要将力施加在杠杆的长力臂上，而让短力臂来撬动重物。因此，他相信只靠双手按压一根长长的杠杆的力臂，就能轻易地抬起很重的物体，哪怕这个物体的质量等同于地球（为避免歧义，我们把"撬动地球"理解为在地球表面撬动一个质量相当于地球的物体）。

不过我认为，如果这位伟大的科学家知道地球具有多么巨大的质量的话，绝对不敢再妄出豪言。让我们设想一下，如果阿基米德真的找到了另一个地球作为支点，而且，他能奇迹般地制作出一根长长的杠杆。那么，请你们猜测一下，如果把跟地球同质量的重物抬高1厘米，需要花费多长时间？答案是至少需要3000万年！

天文学家已经知道了地球的质量。如果我们称一下与地球质量相同的重物，那么它的重量大概是：

6000000000000000000000000 吨

假设一个人在不借助外力的情况下，能够举起60千克的重物，那么为了"抬起地球"，就必须准备一根超长的杠杆，它的长力臂必须是短力臂的100000000000000000000倍。

我们可以很容易地计算出，如果要将短力臂抬高1厘米，杠杆的另一端需要在浩渺的宇宙中划出一条长达100000000000000000千米的弧线。

如果阿基米德打算将地球抬高1厘米，那么他就需要越过巨大的距离来按压杠杆，这会耗费他多少时间呢？假设阿基米德可以在1秒内将60千克的重物抬高1米（几乎等同于一匹马的力量），他将地球抬起1厘米，就要100000000000000000000秒，也就是3000万年！哪怕阿基米德一辈子都在按压杠杆，他把地球抬起的高度也远不及一根纤细的发丝。

尽管阿基米德机智过人，但他也无法想出什么手段来明显地缩短按压杠杆的时间。因为根据力学黄金定律，如果一种机器的力有所缺损，它的位移就会增加。换句话说，就算阿基米德能以30万千米／秒的速度（大自然中最快的速度——光速）按压杠杆，他也需要花费千万年的时间，才能将地球撬起1厘米。

儒勒·凡尔纳笔下的大力士与欧拉定理

你还记得儒勒·凡尔纳的小说中出现的大力士马蒂夫吗？"他身高体壮，宽肩厚背，脑袋硕大无比，胸腔如冶铁的风炉，双腿像粗壮的树干，他的双手仿佛起重机，拳头犹如大铁锤。"

在小说《桑道夫伯爵》里，记叙了许多关于这位大力士的奇闻逸事，营救"特拉巴科洛号"的故事就是其中之一：马蒂夫用他粗壮的手臂把正在滑下水的轮船紧紧拽在原地。故事是这样的：

　　"特拉巴科洛号"即将下水，船底只剩下6名工人在做最后的准备。他们周围聚了一堆游手好闲的看客，正好奇地东瞧西看。这时，一艘游艇从海岬驶了过来，它要进港，就必须经过"特拉巴科洛号"下水的水面，因此工人们立刻停止了下水的操作。否则两船相撞，就要酿成大祸。人们的目光齐齐地投向了这艘奢华的游艇，它的白帆在阳光下闪着金光，游艇疾驰而来，不一会儿就出现在船坞的正前方。人群中突然响起一声尖叫，只见"特拉巴科洛号"开始摇晃，马上就要落入水中。

　　突然从人群中跳出一个人来，一把抓住了系在"特拉巴科洛号"上的缆绳，他冒着被绞成肉泥的危险，在转眼之间将缆绳缠在了钉在地里的铁柱上，然后以超乎常人的力气紧拽着缆绳尾端不放，大概过了10秒，缆绳就绷断了。可是这10秒的时间已经足够避免一场灾难。游艇与"特拉巴科洛号"擦肩而过，几乎没有碰到。

　　这个救人于危难之际的大英雄不是别人，正是我们的老朋友马蒂夫。

　　假如有人告诉儒勒·凡尔纳，一个人即使不拥有马蒂夫的神力，也能做到他所做的事情，凡尔纳一定会大吃一惊。事实上，只要动动脑筋，就能处理这样的紧急状况。

　　力学原理告诉我们，缠绕在桩子上的缆绳在滑动时会产生巨大的摩擦力。而且，缠绕的圈数越多，摩擦力越大，如果缠绕的圈数用算数级数来表示，那么摩擦力的递增就要用几何级数来表示。这意味着，如果将缆绳在桩子上缠绕三四圈，即使是一个小孩，也能拖住巨大的重量。在码头上，很多小孩都是通过这样的方式使载有数百名乘客的轮船停靠在岸。他们之所以能这样做，并不是因为拥有超乎常人的力量，而是因为桩子和缆绳之间存在摩擦力。

　　18世纪的著名数学家欧拉曾为摩擦力与绳圈数的关系列出了公式。熟悉代数语言的读者们不妨一看，公式如下：

$$F = fe^{ka}$$

　　公式中的 F 表示对作用力 f 的阻力，e 是自然对数的底，其数值约为2.718，k 表示缆绳与桩子的摩擦系数，a 表示缆绳缠绕的角度，也就是缆绳缠绕时的弧长与半径的比值。

　　将这个公式应用到儒勒·凡尔纳的故事中，我们就会得到一个惊人的结果。在这个故事中，F 是船从船台的滑道滑下时对缆绳的拉力。从小说中我们得知，这艘船重达50吨。假设滑道的倾斜度为1：10，那么作用在绳子上的就不是船的全部重量，而仅仅是它的 $\frac{1}{10}$，也就是5吨，或者说5000千克。接下来，我们把缆绳与桩子之间的摩擦系数 k 取为 $\frac{1}{3}$。然后，因为我们知道马蒂夫在铁桩上把缆绳绕了3圈，所以很容易就能计算出 a 的数值：

$$a = \frac{3 \times 2\pi r}{r} = 6\pi$$

我们将数值代入公式中，可得：

$$5000 = f \times 2.72^{6\pi \times \frac{1}{3}} = f \times 2.72^{2\pi}$$

未知数 f（拉动缆绳所需的力量）可以用对数计算出来，因此可得：

$$\log 5000 = \log f + 2\pi \log 2.72$$
$$f = 9.3 \text{千克力}$$

因此，大力士若想要拉动缆绳，仅需要不到10千克力（1千克力约为10牛顿，后同）的力量。

读者们千万不要以为"10"只是一个理论上的数字，事实恰恰相反，这个数字偏于保守，实际需要的力比这要小得多。因为如果你是把麻绳缠绕在木桩上的话，摩擦系数 k 会更大。你所需要付出的力 f 会小得离谱。我们唯一的愿望是麻绳能够承受巨大的拉力而不至于断裂。因此，一个小孩将绳子在桩子上缠绕三四圈，也能比肩凡尔纳笔下的大力士。

怎样打结才牢固

在日常生活中，我们经常在不知不觉中受益于欧拉定理。例如打结，就是将绳子的一端当作桩子，然后将绳子的其余部分缠绕其上。无论是什么样式的结，之所以打得牢靠，完全是由于摩擦的作用。将绳子打结，就像在桩子上缠绕缆绳一样，可以使摩擦力增加许多倍。观察一下绳结的圈数便可得知，绳子缠绕的圈数越多，绳结就越牢固。

裁缝在缝纽扣时，也常常无意识地使用同样的方法。他们先把线绕上几圈，然后把线扯断，如此一来，只要线足够结实，纽扣就不会掉下来。这里运用的还是我们熟悉的那条规律：线缠绕的圈数按照算术级数增加，而纽扣的牢固程度按照几何级数增大。倘若线与纽扣之间不存在摩擦，那么我们就无法使用纽扣了。因为线在纽扣的重力作用下会松动，纽扣就会掉落。

假如没有摩擦

我们周围有各种各样、意想不到的摩擦现象。有些情况下，摩擦力起到了重要的作用，但我们并没有意识到。如果有一天，摩擦现象突然消失，那么许多我们习以为常的事情都会变成泡影。

法国物理学家纪尧姆曾对摩擦力的作用进行过生动的描述：

想必读者们都曾在结冰的路面上走过，诸位为了不摔跤，肯定花费了不少力气，甚至做出各种滑稽的动作。不得不承认，我们平常行走的地面具有非常宝贵的特性，能让我们毫不费力地保持平衡。同样的情形还有：在湿滑的道路上骑自行车滑倒，或在柏油路上飞奔的马滑倒。通过研究类似的现象，我们就能看出摩擦的作用。工程师们竭力消除机器部件之间的摩擦，并且取得了不错的成果。在应用力学中，摩擦通常被认为是不好的现象。这种看法倒也没错，但仅仅是在极少数特殊领域当中。在绝大多数条件下，我们都要向摩擦道声感谢，它使我们能够行走、坐立和工作，而不必担心书本和墨水瓶掉到地上，不必担心桌子滑向墙角，不必担心钢笔从指尖滑落。

摩擦现象非常常见，除了极少数的情况外，它大都是不请自来。摩擦有助于增强稳定性。木匠刨平地板，是因为桌椅只有在平坦的地面上，才能维持不动。只要不是在一艘在浪里翻腾的小船上，我们就不必担心摆在桌子上的碗碟会跌落。现在我们假设摩擦力消失，那么任何东西——无论是巨大的石块还是渺小的尘埃——都无法停在原地，它们纷纷滑动或滚动，直到所有物体静止于同一平面。如果没有摩擦，地球就会变成一个光滑的球体，如同一粒水滴。

如果没有摩擦力，钉子和螺丝将从墙上掉落，我们将无法握持任何东西，暴风将永不停歇，声音将永不止息，房间里将出现无尽的回声——因为在墙壁间反弹的声音不会减弱。

每当路面结冰时，我们就会清楚地意识到摩擦是多么重要。

在这样的天气出门是很令人绝望的，我们总是担心一不留神就摔个人仰马翻。以下是从1927年12月的报纸上摘下的几段消息：

"伦敦21日讯，由于天气寒冷，路面上结了厚厚的冰层，严重阻碍了街车和电车的正常行驶。此外，大约有1400人因摔倒后手脚骨折而入院治疗。"

"2辆电车与3辆汽车在海德公园附近相撞，由于汽油爆炸，全部车辆被炸毁。"

"巴黎21日讯，冰雪天气致使巴黎市区及郊区发生了多起事故。"

然而，冰面上极小的摩擦力也可以很好地应用于技术方面。例如雪橇，尤其是在结冰的路面上运货用的雪橇，我们可以用它将木材从伐木场送到铁路或转运站。在这种湿滑的道路上（图18），两匹马能够拉动载有70吨木材的雪橇。

图18　上图：在结冰的路面上行驶的载货雪橇，两匹马能够拉动70吨的货物
下图：A为车辙，B为滑轨，C为压实的雪，D为土基

"切柳斯金号"失事的物理学原因

但请读者们不要武断地认为冰面上的摩擦力总是小到可以忽略不计。当温度接近0摄氏度时，物体与冰面的摩擦力会增强。破冰船上的工作人员曾深入研究过北极的浮冰与船的钢壳之间的摩擦力，他们发现这种摩擦力超乎想象的大，其强度不亚于铁与铁之间的摩擦：冰与钢壳之间的摩擦系数为0.2。

这一数值对航行于浮冰间的船只有什么意义呢？我们来观察一下图19。图中描绘了船舷 MN 被冰块挤压时受到的各个力的方向。我们可以将冰的压力 P 分解成两个力：与船舷垂直的力 R 和与船舷相切的力 F。P 和 R 之前的角度等于船舷对垂直线的倾斜角 α。冰对船舷的摩擦力 Q 等于力 R 乘以摩擦系数 0.2，即 $Q=0.2R$。当力 Q 小于力 F 时，挤压船舷的冰块就会被力 F 推入海中，此时冰块会沿着船舷滑动，不会对船体造成伤害；当力

图19　上图：在浮冰中失事的"切柳斯金号"
下图：船舷 MN 被冰块挤压时所受到的各个力

41

Q 大于力 F 时，摩擦会阻碍冰块的滑动，冰块长时间地挤压着船舷，最终可能导致船体破裂。

那么，在什么情况下，$Q<F$ 呢？显而易见：

$F=R \cdot \tan\alpha$；

因此，存在不等式：$Q<R \cdot \tan\alpha$

又因为 $Q=0.2R$，所以不等式 $Q<F$ 可以变成：

$0.2R<R \cdot \tan\alpha$，或者 $\tan\alpha>0.2$

从三角函数表中可得，正切函数为 0.2 时，角等于 11 度，这就意味着，当 $\alpha>11$ 度时，$Q<F$。因此我们必须保证船舷对垂直线的倾斜角大于 11 度，才能使船只安全地航行于浮冰之间。

现在我们来研究一下"切柳斯金号"失事的原因。"切柳斯金号"不是一艘破冰船，而是一艘轮船。它顺利地驶过了整条北海航线，但在白令海峡被浮冰卡住。浮冰挟着"切柳斯金号"漂向北方，并最终把它挤得粉碎。船员们在冰川上等待了两个月，才被苏联空军搭救。以下是被困人员对这场灾难的一段描述：

"坚硬的金属船身不是在一瞬间碎裂的，"考察队队长奥托·施密特通过无线电汇报了当时的情况，"我们能够看到冰块压在船舷上，冰块上方的船外壳向外凸起。不断有冰块拍击船体，虽然速度缓慢，但势不可当。肿胀的船外壳铁板从缝隙处爆裂，铆钉噼噼啪啪地迸了出来。刹那之间，船的左舷处，从船头到船尾，整个掉进了海中……"

读了这番话，读者们应该能够明白这场灾难的成因了。由此可以得出一个结论：在设计航行于浮冰中的船只时，一定要使船舷的倾斜度不低于11度。

自动平衡的木棒

我们来依照图20做一个有趣的实验：将两只手的食指分开，然后在上面放上一根光滑的木棒，再将两根手指缓缓并拢。你会发现，木棒一直维持平衡的状态。即使反复地进行实验，并改变两根手指的摆放位置，结果也总是一样的。哪怕是用尺子、手杖、扫帚、台球杆、地板刷来代替木棒，你仍旧会得到相同的结果。

图20 木棒实验

这是为什么呢？

首先我们要明白一件事：手指并拢时，木棒仍然保持平衡，这说明木棒的重心位于两根手指的中点（从重心引出的垂直线落在支撑面内，物体才能保持平衡）。

当两根手指分开时，距离木棒重心更近的手指会承受更大的压力。压力越大，摩擦力就越大，靠近重心的手指比远离重心的手指受到更大的摩擦力，让靠近重心的手指在木棒下方移动就变得有些困难，因此我们选择移动远离重心的那根手指。当移动的手指更加靠近重心时，就换另一根手指移动，直到两根手指并拢。考虑到移动的手指总是距离木棒重心比较远的那根，所以很自然地，两根手指会在木棒的重心下方并在一起。

让我们再用地板刷做道具，来重复一下这个实验（图21上）。我还要向读者们提一个问题：假如我们将地板刷在两根手指并拢

图21　用地板刷做道具进行相同的实验，
为什么地板刷无法保持平衡呢

的地方切成两段，再放在天平的两端（图21下），哪一头的重量会比较重呢，是带柄的那一头，还是带刷子的那一头？你可能会觉得，既然这两部分在手指上能保持平衡，那么它们在天平两段也能保持平衡。但事实上，带刷子的那一头更重些。答案很简单，要知道，刷子之所以能够在手指上维持平衡，是因为被分成两段的刷子将重力施加在了长度不同的杠杆的两端。而在天平上，这

两部分的重力施加在了长度相同的杠杆的两端。

　　我定制了一组重心位置不同的木棒，并将它们赠予列宁格勒文化园的趣味科学馆。假如我们在重心的位置将这些木棒切成长短不同的两段，然后将它们放在天平上，参观者会惊讶地发现，较短的一段竟然比较长的一段还要重。

第三章

圆周运动

旋转的陀螺为什么不倒

有成千上万的人在孩童时期玩过陀螺，但是我接下来要提出的这个问题，却很少有人能给出正确的答案。问题是——垂直或倾斜旋转的陀螺，为什么不会像人们所想的那样翻倒呢？是什么让它在极不稳定的状态下还能保持平衡？难道它不受重力的作用吗？

其实旋转的陀螺上存在两种相互作用的力，但陀螺的原理不是只言片语就能解释清的，因此我们不做详述，只是谈一谈旋转的陀螺能够维持平衡的原因。

图22向我们描绘了一个沿着箭头所指的方向旋转的陀螺，请读者注意图上的 A 侧和与之相对的 B 侧。A 侧逆时针旋转，B 侧顺时针旋转。现在让我们来看一看，如果朝我们的方向拨动陀螺轴，A 侧和 B 侧会如何运动呢？我们会发现，A 侧开始朝上方倾斜，B 侧

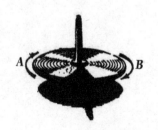

图22　旋转的陀螺为什么不倒

朝下方倾斜，这说明两侧受到的推动力与它们之前的运动呈直角。可是，在飞速旋转的状态下，陀螺的圆周速度非常大，我们拨动它的速度与之相比实在是微不足道。小的速度和大的速度结合而成的速度，与圆周速度几乎没有差别，所以陀螺的运动没有发生本质的改变。现在我们就能明白，为什么陀螺好像抵抗着一切想把它推倒的力量。此外，陀螺的质量越大，旋转的速度就越快，也越能顽强地抵抗推倒它的力量。

陀螺能够维持平衡与惯性定律也有直接的关系。陀螺上的任何一点，都在垂直于旋转轴的平面上做圆周运动。根据惯性定律，每个点每时每刻都在竭力使自己沿着圆周的切线偏离圆周。然而，每条切线都和圆周位于同一个平面上，所

图23　把旋转的陀螺抛向空中，它的旋转轴方向保持不变

以陀螺上的点会将它的运动控制在垂直于旋转轴的平面内，这意味着垂直于旋转轴的所有平面都努力保持着自己在空间中的原始位置，换句话说，垂直于所有平面的旋转轴本身，也在努力保持其原始方向。

恕我无法在此向读者们逐一阐释陀螺在外力作用下进行的所有运动，因为这可能会使我们的内容变得过于冗长。我只是想向各位读者解释，物体是如何在旋转时保持旋转轴的方向不发生改变的。

物体旋转的这一特性在现代工程中得到了广泛的应用。轮船和飞机上安装的罗盘和陀螺仪等设备，都是根据陀螺原理制造的。旋转使炮弹和子弹具备稳定性，也使人造卫星和火箭等宇宙飞行器在飞行中保持稳定。你们瞧，陀螺虽然只是一颗简单的玩具，它的作用却不可估量！

杂技

杂技表演中许多令人惊叹的技巧都基于旋转的物体保持旋转轴方向不变的特性。对此，英国物理学家约翰·佩里在其著作《旋转的陀螺》中做过生动的阐释，我将这部分内容摘录在下面，以供诸位读者更好地了解陀螺原理：

我曾在金碧辉煌的伦敦维多利亚音乐厅，向品着咖啡、叼着烟斗的听众展示了一些关于旋转陀螺的实验。我为了给听众留下深刻的印象，便向他们说，如果你想将套物的投环准确无误地抛向指定的地点，就应该让它旋转起来；如果你想把铁圈或者帽子扔给别人，也应该让它旋转起来，别人才能拿手杖接到它，因为旋转的物体始终保持旋转轴的方向不变，这条法则是毋庸置疑的。我又向他们说道，普通子弹的旋转很大程度上取决于它在离膛时与枪口产生的摩擦，滑膛枪精准度不佳是因为光滑的枪管没有膛线，而现代枪管是有膛线的，也就是说，枪管的管膛内壁上刻有呈螺旋状分布的凹凸槽，它可使子弹在火药爆炸产生的推力作用下沿着膛线做纵轴旋转，精准地射向目标。

图24　旋转的硬币是如何下落的　　　图25　不旋转的硬币是如何下落的

原谅我只能在口头上形容个大概，因为我并不擅长扔帽子或者投环。但我话音刚落，就有两位杂技演员走上舞台，它们表演的每一个杂技都为上述原理提供了绝佳的例子。只见他们把帽子、圆环、盘子和雨伞转起来，然后抛给对方。其中一个演员将几把刀子扔到空中，然后完美地接住并再度抛起。已经对旋转物体的奥秘

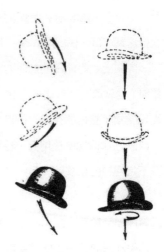

图26　旋转抛出的帽子更容易接住

有所了解的观众兴奋地叫嚷起来，他们已经清楚地观察到，杂

51

技演员在抛起刀子的一瞬间，让刀子旋转了起来，这样他就能准确无误地接住每一把刀子。出乎我意料的是，当晚的每一个表演都生动地阐释了旋转陀螺的原理，几乎没有例外。

与哥伦布不同的竖鸡蛋方法

哥伦布曾提出过一个著名的问题——如何将鸡蛋竖起来。他的解决方式非常简单，那就是将鸡蛋的一头敲破（顺便说一句，这则广为流传的故事其实并不是真实的，据说有人将很久之前的故事放在了哥伦布身上，故事原本的主人公是意大利建筑师布鲁内莱斯基，他建造了佛罗伦萨大教堂的巨大穹顶，他曾说"我建造的穹顶就像这颗鸡蛋一样，能依靠一个尖尖的点支撑而屹立不倒"）。

事实上，哥伦布的解决方案是完全错误的。当哥伦布敲破鸡蛋时，他就改变了鸡蛋的形状，这意味着竖立的鸡蛋不再是鸡蛋，而是变成了其他的东西。问题的核心正在于鸡蛋的形状。一旦形状改变，我们就是在用另一种物体替代鸡蛋，因此哥伦布的答案并不是问题的正解。

我们还有一个办法，可以在不改变鸡蛋形状的情况下，利用陀螺原理来解答这位大航海家的问题。只需使鸡蛋围绕长轴旋转，无论是鸡蛋的尖头还是圆头朝下，鸡蛋都能坚持一段时间不倒下，图27向我们展示了操作方法。有一点需要提示诸位读者，做这个实验用到的鸡蛋必须是煮熟的。这在哥伦布的故事里并非无迹可循，因为他在提出这个问题时，随手从餐桌上拿起了一个鸡蛋，我想餐桌上的鸡蛋不可能是生的。如果用生鸡蛋的话，就无法使它旋转竖立，因为生鸡蛋的内部全是液体，蛋液会阻碍生鸡蛋的旋转。顺带一提，许多家庭主妇都靠这个方法来辨别鸡蛋的生熟。

图27　如何解决"哥伦布蛋"的问题：旋转的鸡蛋可以竖立

消失的重力

2000多年前，亚里士多德写道："盛水的容器在旋转时，水不会洒出来，哪怕容器底部朝上，结果也是不变的，因为旋转会阻止水流出。"图28生动地向我们展示了这个实验。很多读者应该都对这个场景感到熟悉，如果按照图中的方式，以足够快的速度旋转盛水的水桶，即使把桶掀个底朝天，水也不会流出来。

人们通常解释这种现象是由离心力所致。离心力是一种想象中的力，人们认为它施加于物体上，物体受到它的作用就会脱离旋转轴心。事实上，离心力并不存在，物体之所以脱离旋转轴是因为惯性的作用，而任何由惯性引起的运动，都不需要力的推动。物理学家认为，离心力是旋转中的物体对系绳的拉力或是其曲线轨道上的压力。这个力不是施加在运动的物体上，而是施加在阻碍物体做直线运动的障碍物上，比如，绳子和弯曲的轨道等。

在这里，我们不去求助于离心力这一模棱两可的概念，而是将注意力重新放到旋转的水桶上，来找一找产生这一现象的原因。首先，我们问自己这样一个问题：假如在桶上凿一个洞，水会从哪个方向流出？如果没有重力，这股水在惯性的作用下会沿着圆周 AB 的一条切线 AK 流出（图28）。但水流会受到重力的影响，沿着曲线 AP 流下。倘若圆周速度足够大，曲线就会位于圆周 AB 之外。通过这股水流我们可以得知，假如去掉桶壁，桶里的水会按照什么路线流动。现在我们已经知道，水流的方向不是竖直向下的，因此不会直接泼到地上。只有当桶口与桶旋转的方向保持一致时，水才会泼出来。

现在我们来计算一下，以什么样的速度旋转水桶，水才不会泼出来。理论上来说，旋转水桶的离心加速度不低于重力加

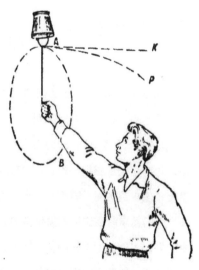

图28　为什么水不会洒出来

速度，桶中的水流动的路线才会落在桶的圆周轨迹之外，这样，无论水桶转向哪里，水都不会从桶中泼出来。

计算离心加速度的公式是：

$$w = \frac{v^2}{R}$$

v 代表圆周速度，R 代表圆形轨迹的半径。因为地球表面的重力加速度 g=9.8 米 / 二次方秒，所以我们得到不等式：

$$\frac{v^2}{R} \geqslant 9.8$$

假设 R=70 厘米，那么：

$$\frac{v^2}{0.7} \geqslant 9.8$$

$$v \geqslant \sqrt{0.7 \times 9.8}$$

$$v \geqslant 26 米/秒$$

不难算出，如果我们每秒将绳子转1.5圈，就可以达到足够大的圆周速度。这对我们而言简直轻而易举，做这个实验不存在什么困难。

如果容器围绕水平轴旋转，液体会压在容器壁上，利用这种特性人们发明了离心浇铸法。它的原理是，非均质的液体会按照成分的比重产生不同的层次，比重较大的成分远离旋转轴，比重较小的成分接近旋转轴。如此一来，熔融金属中的气体就会释放出来，跑进铸件的气孔中。通过这种方法铸造的铸件坚固密实，不含气孔，而且不需要复杂的仪器设备，成本也比普通的压铸法更低。

假如你是伽利略

在圣彼得堡有一个叫作"魔鬼秋千"的娱乐项目，那些追求刺激的游客往往能从中获得乐趣。我自己没玩过这个项目，所以在此只能冒昧地引用费多所著的一本科学游戏集中的描述，来向读者做一说明：

这座秋千悬于一条横贯屋子的坚固横梁上，距离地面很远。当所有游客入座后，工作人员就会关上入口的门，撤掉进入屋子的踏板，并宣布，大家要在他的带领下做一次短暂的空中旅行。他会把秋千推起来，然后跑到秋千后面，就像一个赶马车的脚夫，或者他会直接走出这间屋子。与此同时，秋千越荡越高，它越过了横梁，荡了一整圈。游客们已经被提前告知，眼前的一切不是真实的，但他们仍然感觉身体好似真的倒挂在空中，于是不由自主地抓紧了座位，以免从半空中摔落。过了一会儿，秋千的摆动幅度越来越小，几秒之后完全停了下来。

实际上，秋千一直是静止的，是房间本身借助于一个非常简单的机制，围绕坐在秋千上的人旋转。屋子里的家具都被固定在地板或墙上，那盏套着大灯罩的灯，为了方便旋转，被牢牢地焊在桌子上。工作人员看似在推动秋千，实际上只是营造秋千摇摆的假象以配合房间的旋转。整间屋子的设计都是一场非常精巧的骗局。

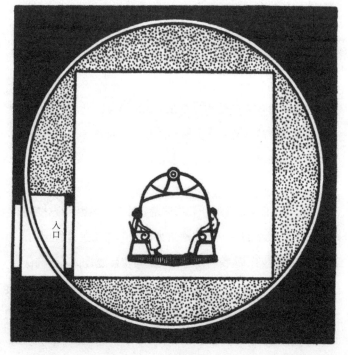

入口

图29　魔鬼秋千

　　看吧，魔鬼秋千的秘密也不过如此。但我确信，即使现在你已经识破了这个骗局，当你乘上魔鬼秋千时，还是会被错觉所骗，错觉的力量就是如此之大！

　　记得普希金有那篇叫作《运动》的小诗吗？诗中写道：

　　"世上并无运动"，一个蓄着胡须的哲人说道，另一位哲人[1]缄口不言，只在他面前踱来踱去。

这份沉默，比喋喋不休的唇舌，

比华而不实的辞藻，更具备力量，

然而，先生们，

这则趣闻让我想起另一个有点老套的说法，

尽管每个晴朗的日子太阳都从我们眼前经过，

但只有顽固的伽利略提出了正确的见解。

　　在那些不懂得魔鬼秋千秘密的游客面前，你也可以化身伽利略，只不过相反的是：伽利略认为，太阳与星辰是静止的，真正移动的是我们，是我们在围绕太阳与星辰旋转；而我们认为，秋千是静止的，真正移动的是整个房间。这个时候，或许你会被骂作"睁眼说瞎话的家伙"，你也就能共情些许伽利略当年的悲惨境遇。

你我之间的争论

　　恐怕证明你的想法，并不像你所想象的那样容易。设想一下你正坐在魔鬼秋千上，试图劝说你的邻座，让他明白自己正处在错

1　　这里指的是古希腊哲学家色诺芬。色诺芬生活在大约公元前500年，他认为世上的一切都是静止的，并声称："我们被感官所欺骗，因而认为万物都在移动。"

觉中。我们不妨来模拟一下这个场景，假设你的邻座游客就是我，我们坐在秋千上，等到秋千绕过横梁的时候，我们开始激烈地争辩。这个场景模拟有一个前提条件，那就是我们在争辩时始终坐在秋千上。此外，我们假设辩论中所需的一切物件已经提前备好。

你：毋庸置疑，房间是旋转的，而我们是静止的。毕竟，如果秋千真的倒转过来，我们就会摔个底朝天，但我们并没有从空中摔落。这就意味着，旋转的是房间，而不是秋千。

我：你还记得旋转的水桶吗？当水桶做圆周运动时，就算桶底朝上，也没有把水泼出来。还有，车手在表演特技自行车时，即使在空中绕一周，也没有从车上摔下来。

你：那我们来计算一下离心加速度吧，看看它的数值是否足以阻止我们从秋千上摔落。我们知道与旋转轴的距离，也知道每秒转多少圈，很容易就能按照公式推导出……

我：别浪费时间了。工作人员告诉我，魔鬼秋千的转数足以使做圆周运动的物体不掉落。所以，别费心计算了，没有用的。

你：但我仍然有信心说服你。你看，这玻璃杯里的水并没有洒到地板上。当然，你大可以再次用旋转水桶的例子来反驳我。不过，现在我手里握着一条铅垂线，它始终朝向我们的脚。如果我们在旋转，而房间静止不动，那么，我们的身体就会绕着它的方向转动，因为铅垂线的方向一直是朝下的。

我：你错了，如果我们的旋转速度足够快，铅垂线会沿着旋转的半径从旋转轴向外跑，换句话说，就如我们观察到的一样，它的重心方向始终朝向我们的脚。

如何赢得这场争论

现在让我来告诉你该如何赢得这场争论。下次你去乘魔鬼秋千的时候，记得带上一个弹簧秤，并且在秤盘里放上一个1千克的砝码。仔细观察指针的位置，你就会看到，指针指示的刻度一直是1千克。这就是秋千保持静止的证据。

如果我们确实与弹簧秤一起绕轴旋转，那么砝码除了受到重力的影响之外，还会受到离心力的影响。如果离心力作用于圆周轨迹的下半部分，砝码的重量就会增加；如果离心力作用于圆周轨迹的上半部分，砝码的重量就会减少。但天平指针指示的刻度不变，砝码的重量既没有增加，也没有减少，因此我们得出结论：转动的是房间，而非我们自己。

魔球的奥秘

在美国的一个公共游乐园中，坐落着一座寓教于乐的娱乐设施，它是一个旋转的球形小屋，当人们进入这个小屋后，会产生一种奇妙的感觉，仿佛来到了睡梦之乡或是童话中的仙境世界。

还记得我们之前说过，当你站在高速旋转的圆形站台边缘，会有一种被向外甩出的感觉，而且，离旋转中心越远，你受到的"推力"就会越大。现在，请闭上眼睛，你会感觉到自己站在一个斜面——而不是平面上，艰难地保持着平衡。这是为什么呢？让我们来观察一下图30，看看在这种情况下有什么力量作用于我们的身体。我们看到两个力，离心力将我们向外甩，重力将我们向下拉，根据平行四边形法则，这两个力会并成一个向侧下方倾斜的合力。旋转的速度越快，合力就越大，倾斜的角度也随之变大。

　　想象这个站台的边缘是向上倾斜的（图31），站台静止的时候，你完全无法站在上面，你会滑下来，甚至跌倒；但当站台旋转的时候，情况就完全不同了，当站台保持一定的旋转速度时，这个斜面对你来说就是平面，因为离心力和重力的合力是倾斜的，

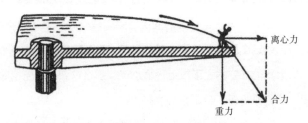

图30　人站在旋转的平台边缘时所受到的力

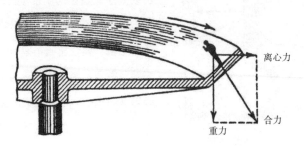

图31　人站在旋转的倾斜平台边缘时不会掉落

61

弯曲的站台边缘与两个力的合力方向呈直角（顺便一提，这也解释了为什么火车轨道转弯处外侧的铁轨会略高于内侧，为什么赛车道是向内倾斜的，以及为什么赛车手能沿着严重倾斜的赛道外侧行驶）。

假设这个站台的表面是弯曲的，它的旋转速度也足够快，能使合力方向垂直于站台的表面的任何一点，这样一来，所有站在上面的人都会产生一种自己站在平面上的错觉。数学家们将我们假设的这个曲面，称作"抛物面"。我们可以做一些小实验来得到这个抛物面：将一个盛有半杯水的杯子围绕垂直轴快速旋转，杯壁的水会蹿升，杯子中间的水会下沉，此时的水面就是一个标准的抛物面。如果我们用一些熔化的蜡来代替水，然后旋转杯子直至蜡凝固，那么完全凝固的蜡皮也会形成一个标准的抛物面。如果我们给这个凝固的表面一定的转速，那么它就会变成一个平面：如果我们在它的上面放上一颗小球，那么这颗小球无论放在哪里，都会停留而不会掉落（图32）。

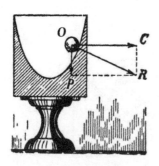

图32　只要蜡杯转得足够快，
小球就不会从杯壁上掉落

现在再来理解魔球的构造就容易多了。魔球的底部（图33）是一个巨大的、呈抛物面形状的旋转站台。要让它流畅地旋转起来，只需要安装一种隐蔽的机械装置就可以了。但是如果小屋中的物品没有一起旋转的话，站在里面的人就会感觉头晕目眩，为

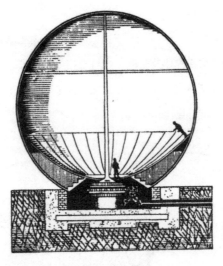

图33　魔球的剖面

了让站在站台上的人感觉不到他们的移动，就要用一个巨大的不透明球体罩住站台，并让这个球体的旋转速度与站台保持一致。

现在，置身于魔球之中的你，会有什么感觉呢？当魔球旋转起来时，无论你是站在本身就是平面的台轴附近，还是站在45度斜面的站台边缘，你都会感觉双脚踩在水平面上。虽然你的眼睛清楚地看到了地板的凹陷，你的肌肉却让你觉得脚下是平坦的地面。当你从站台的一端走向另一端，会感觉整个球体在你的脚下轻轻摇摆，就像一颗巨大的肥皂泡。虽然你觉得自己好像一直站在平坦的地面上，但看到魔球中的其他人时，你会觉得他们仿佛是趴在墙上的苍蝇一样（图34）。如果魔球内的地板上洒了水，那么水就会均匀地覆盖在地板上，此时你会觉得自己面前像竖立起一道倾斜的水墙。

　　置身于魔球内，你原先关于重力的所有概念都将被打碎。当飞行员驾驶飞机在空中旋转时，也会有相同的体验。当时速200千米的飞机沿着一条半径为500米的曲线飞行，飞行员会认为地面是一个16度的斜面。

图34　魔球中的两人的实际位置（左）和魔球中的两人以为自己所处的位置（右）

图35　旋转实验室中的人的实际位置　　　图36　旋转实验室中的人以为自己
　　　　　　　　　　　　　　　　　　　　　　　　　　所处的位置

德国的哥廷根市建有一座用于科学观测的旋转实验室，它的构造与魔球十分相似。这座实验室（图35）呈圆柱形，直径3米，每秒能完成50转。由于实验室中的地板是平坦的，站在墙边的实验人员会产生一种错觉，认为旋转的小屋已经向后倾斜，他就像是半躺在墙上一样（图36）。

液体望远镜

对反射式望远镜来说，最好的反射镜镜面是抛物面，也就是将液体倒入旋转的容器后呈现的形状。为了制造出这样的镜面，设计人员需要付出大量的劳动，甚至是数年的时间。美国物理学家伍德为了解决这些困难，发明了一种液体镜面：他在旋转的广口容器中倒入水银，随即得到一个理想的抛物面，之所以运用水银是因为它能清晰地反射光线，是制作反射镜的绝佳材料。

诚然，这种望远镜也有缺点，最轻微的颠簸也会使液体镜面泛起波纹，导致图像失真。因此，尽管伍德发明的水银望远镜制作简单，但并未被实际应用。无论是发明家本人，还是当时的物理学家，都没有严肃对待这一发明。举个例子，美国一所大学的物理系主任 A.G. 韦伯斯特在参观完这个装置之后曾写下一首打油诗：

铃铛响叮咚，

教授在井中。

什么井中放？

水银一满缸。

装置有何用？

谁也不知晓。

飞跃大回环

有读者在马戏团里看过令人头晕目眩的自行车特技表演吗？特技车手骑着自行车，在一条回环的跑道上绕一整圈，他沿着跑道越升越高，身体也逐渐倒转。图37（第69页）向我们展示了这个过程。车手从斜坡上冲下来，以很快的速度攀至跑道的顶端，头朝下骑完回环的跑道，然后安全地回到地面（这项特技由两位马戏团的特技车手约翰逊和诺伊赛特在1902年发明）。

观众们通常认为车手能表演这项令人惊叹连连的特技，是因为他们的技艺超乎寻常。但观众们也常常问道，是什么力量支持着这位大胆的车手，让他脑袋朝下却不会摔断脖子？有些多疑的观众甚至认为眼前发生的一切都是一场狡猾的诡计。但杂技表演中不可能出现任何超自然现象，我们完全可以用力学定律解释其中的奥秘。倘若我们在学校的物理实验室里，用一颗台球在迷你回环上做模拟实验，我们就会发现，这颗台球也能完美地穿过跑道。

发明了这项特技的车手诺伊赛特曾做过实验。他准备了一个重量等于他与自行车的重量之和的大铁球，他让铁球以同样的方式在跑道上滚动，以测试表演的安全性。在没有发生意外的情况下，他才进行了表演。

想必读者们已经猜到了，这项惊人的特技与旋转水桶的实验都基于相同的原理。若想要安全地通过回环跑道的顶端，车手必须达到足够的速度，而这个速度取决于车手出发的高度。因此这项表演并不是万无一失的，我们必须预先计算车手出发点的高度，如果数据不够精确，表演就有可能会变成一场事故。

马戏团里的数学题

我清楚地知道，面对一连串枯燥乏味、死气沉沉的公式时，即使是物理学爱好者也难免丧失兴趣。但要是逃避对数学的学习，就难以体会预测现象形成过程和产生条件所带来的乐趣。比如，上节提到的飞跃大回环，我们只需要几个公式就能准确算出顺利演出所需要的条件。

首先，我们用字母来表示算式中的数值：h 表示车手出发点的高度，x 表示 h 高于回环跑道顶点的高度。如图37所示，$x=h-AB$，r 表示圆环的半径，m 表示车手和自行车的质量之和（mg 表示他们所受的重力，g 表示地球重力加速度，近似标准值取为9.8米/二次方秒），v 表示车手到达跑道顶点时的速度。

我们可以从这些数值中归纳出两个方程：

1. 根据力学定律，B 点与 C 点等高（图37），自行车在斜坡上 C 点的速度，与它在跑道顶端的 B 点上的速度是相等的（我们可以忽视自行车轮旋转所带来的力量，因为这个力量对结果几乎不产生影响），自行车在 C 点的速度可以表示为 $v=\sqrt{2gx}$ 或者 $v^2=2gx$。由此可得，它在 B 点的速度为 $v=\sqrt{2gx}$ 或 $v^2=2gx$。

2. 当车手冲至跑道顶点时，若想保持行驶而不摔落，他获得的离心加速度必须不小于重力加速度。用公式表达为 $\frac{v^2}{r}\geqslant g$。已知 $v^2=2gx$，可得 $2gx\geqslant gr$，$x\geqslant\frac{r}{2}$。

我们可以得出结论，要完成这项特技，必须保证斜坡的顶点比回环跑道的顶点高出圆环半径的 $\frac{1}{2}$ 或直径的 $\frac{1}{4}$ 以上。斜坡的坡度并不重要，重要的是车手出发点的高度。请诸位读者注意，我们并没有将自行车的摩擦力代入计算，我们暂且认为自行车在经过 C 点和 B 点时，速度是相同的。由于这个原因，跑道的长度不能太长，斜坡的坡度不能太小，否则，在摩擦力的作用下，自行车在 B 点的速度会低于在 C 点的速度。

还要注意的是，车手在表演这项特技时并不会蹬踩踏板，而是依靠重力的作用前行，因此车手不能也不应该增加或减缓车速。他必须保证自己不偏不倚地行驶在跑道中间，哪怕稍有偏离，都可能被甩出场地。在飞跃回环的时候，自行车的速度是相当快的。假设回环跑道的直径为16米，车手跑一圈的时间仅为3秒，速度相当于60千米／小时，在如此高的速度下控制自行车绝非易事，但车手不必为此而忧心，他可以完全相信力学定律。曾有一位职业特技车手写过一本小册子，其中有这样一段话："只要道具材料

68

结实，测量数据准确，这项表演本身不存在任何危险，唯一会带来危险的人正是进行表演的车手，倘若他双手颤动，倘若他太过紧张而失去控制，又或者，倘若他突然之间头晕眼花，不辨方向，那么事故随时有可能发生。"

著名的"涅斯捷罗夫环形飞行"以及其他特技飞行动作也都运用了同样的原理。如果想驾驶飞机在空中环飞，最重要的是飞行员的娴熟技能以及足够的初始速度。

图37　飞跃大回环（图中左下为计算图解）

缺失的重量

曾有一次，一个爱插科打诨的人对大家说，他有一种方法，能在不欺骗顾客的前提下，将缺斤短两的货物卖出去。他的方法就是在赤道采购货物，然后去南北极售卖。众所周知，同样的物体在赤道的重量比在两极的重量要轻一些，在赤道重1千克的货物，在两极大约多重5克。不过我们在称量的时候，不能使用普通的秤，而要使用在赤道制作或校准的弹簧秤，否则那个人的方法就不奏效了，因为货物重量增加的同时，砝码的重量也增加了。

虽然我不认为有人能靠这种方式经商致富，但那个爱插科打诨的人所言不虚。距离赤道越远，重力越会增强，因为地球在自转的时候，赤道上的物体所绕的圆周最大，也因为赤道是地球最凸出的部分。而造成重量缺失的主要原因是地球的自转，它使同样的物体在赤道比在两极的重量轻 $\frac{1}{290}$。

把轻盈的物体从一个纬度运到另一个纬度，重量变化几乎可以忽略不计。但对沉重的物体来说，重量差值可以达到一个惊人的数字。你或许有所不知，一列在莫斯科重达60吨的列车在到达阿尔汉格尔斯克时重量会增加60千克，到达敖德萨时重量又会减轻60千克。在斯匹次卑尔根群岛，每年有30万吨煤运往南方港口，如果将这个数量的煤运往赤道的某个港口，在交货时用从斯匹次卑尔根群岛带来的弹簧秤重新称重的话，就会发现少了1200吨煤。一艘在阿尔汉格尔斯克重达20000吨的军舰，到达赤道海域时，重量会减轻大约80吨。然而，从未有人察觉到这种重量上的差异，因为其他一切物体的重量也相应地减轻了。这就是为什么一艘船无论是在赤道海域还是在北冰洋排水量始终不变：船的重量减轻的同时，水的重量也相应地减轻了。

假设地球的自转速度加快——换句话说，假设我们的一天不是24小时，而是只有4小时——那么物体在赤道和两极的重量差异会更加悬殊。这种情况下，在两极重1千克的物体，在赤道上只重875克。这和土星上的重力情况大致相同：在土星的两极附近，物体的重量比其在赤道上的重量多 $\frac{1}{6}$。

　　由于离心加速度与速度的平方成正比，所以我们不难推算出，地球应该旋转多快，才能让离心加速度增加至原来的290倍，即与地球的重力加速度相等。要产生这种情况，地球的自转速度应该等于现在的17倍（$17 \times 17 \approx 290$）。在这样的情况下，物体会失去对支撑物的压力，换句话说，赤道上的物体将完全没有重量。而在土星上，自转速度只要比现在快2.5倍，就能产生相同的情况。

4

第四章

万有引力

引力究竟有多大

著名的法国天文学家阿拉果曾写道："如果不是每时每刻都能看到物体的坠落，我们会认为这是一种不可思议的现象。"我们习惯性地将重力——地球对地面上任何物体产生的引力——看作自然而普通的现象。可是当有人对我们说，相互吸引的现象也存在于物体之间时，我们就不那么相信了，因为我们在日常生活中没有见过类似的现象。

那么，为什么引力定律不会时常显现在我们身边呢？为什么我们从未看过桌子、西瓜和人体之间相互吸引呢？因为产生于质量较小的物体之间的引力是非常微弱的。让我举个例子来说明：两个人相隔2米站立着，他们之间存在引力，但引力十分微弱，中等体重的人产生的引力还不足

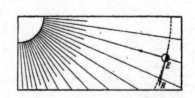

图38　太阳引力使地球 *E* 的轨迹为曲线。假如没有太阳引力，地球会在惯性作用下沿着切线 *ER* 飞往宇宙深处

0.01毫克。换句话说，两人彼此间的引力相当于将一个0.00001克的砝码放在天平上，这么微小的重量只有科学实验室里最灵敏的天平才能测出。可想而知，这样的引力绝不会使我们挪动位置，因为它完全被我们脚底和地面的摩擦力所抵消。如果我们要推动一个踩在木地板上的人（脚和地板之间产生的摩擦力是体重的30%），那么至少要用20千克的力量。与20千克的力相比，0.01毫克的引力简直可以忽略不计。1毫克是1克的千分之一，1克又是1千克的千分之一，所以0.01毫克是推动一个人所需力量的千百万分之一的一半。

但假如没有摩擦力，哪怕是最微弱的引力也能让两个物体相互靠近。不过在0.01毫克的引力下，两人靠近的速度是非常缓慢的。通过计算可得出，如果没有摩擦力，两个相距2米站着的人，在第一小时会相互靠近3厘米，第二小时内继续靠近9厘米，第三小时靠近15厘米。他们向彼此靠近的速度会越来越快，但仍要5小时才能紧密地靠在一起。

要是没有摩擦力的阻碍，静止的物体之间的引力将不难被察觉。在地球引力的作用下，系着重物的绳子会垂直向下，但假如重物的旁边有一个体积庞大的物体，那么绳子就不会垂直向下，而是向地球引力和物体引力的合力方向偏斜。这一现象最初是在1775年由马斯基林在苏格兰的山上观测到的。他在山的两侧比较了铅垂线的方向与天极方向之间的偏差，随后又在专业仪器上进行了更加复杂的实验，最终他率领的科学家团队准确地测量出了物体之间的引力。

质量较小的物体之间的引力是非常微弱的，随着质量的增加，引力也会增加，引力与物体质量的乘积成正比。然而，常常有人夸大这种力量。曾经有位科学家——确切地说，他是动物学家，而非物理学家——试图说服我：常常可见的海船之间的相互吸引是万有引力造成的。但计算一下就会发现，万有引力在其中没起到任何作用。两艘25000吨的战舰在相距100米时，相互之间的引力只有400克，这么微弱的引力不可能使船只移动。至于轮船之间存在这种神秘引力的真正原因，我们会在讲解流体特性的章节中再次谈到。

　　虽然质量较小的物体之间产生的引力非常微弱，但巨大的天体之间产生的引力非常惊人，即使是太阳系边缘那颗遥远的海王星，也可使地球受到1800万吨的引力。尽管太阳与地球相距甚远，但只有太阳的引力能使地球按部就班地沿着轨道旋转。假如太阳的引力消失了，那么地球就会顺着轨道的切线飞入浩渺的宇宙深处。

连接地球与太阳的钢缆

　　想象一下，如果有一天，太阳强大的引力不复存在，地球将迷失在冰冷而幽暗的宇宙深处，人类将遭遇灭顶之灾。这时，一群工程师想到了挽救的方法，他们要用一条坚固的钢缆来代替引力无形的绳索，让地球沿着原先的轨道绕太阳旋转。毕竟，还有什么物体比每平方毫米能承受100千克拉力的钢更坚固的呢？我们设想这条钢缆直径5米，横截面的面积为20000000平方米，因此这条钢缆在受到2000000吨的拉力时才会断裂。想象一下这条钢缆从地球一直延伸到太阳，将两个天体牢牢地连接在一起，你知道需要多少条这样的钢缆才能将地球维持在其轨道上吗？答案是200万条！为使读者们对这片遍布大陆与海洋的钢筋森林有更清楚的想象，让我再来补充一下：如果这片钢筋森林均匀地分布在地球朝向太阳的半球，那么相邻两条钢缆之间的空隙，比钢缆本身的横截面大不了多少。想象一下如此庞大的钢筋森林能够承受多大的压力，你就会理解，太阳对地球所施加的无形的引力有多么巨大。

在这种巨大引力的作用下，地球每秒偏离轨道切线3毫米，因为这个原因，地球的旋转轨迹形成了一个封闭的椭圆形。真是令人难以相信，这么巨大的力量，却仅仅将地球移动了3毫米，也就是一行字的高度！这充分说明了地球的质量是非常大的，再庞大的力量也只能将它挪动分毫。

我们能摆脱万有引力吗

我们在上一节中曾假设太阳与地球之间的引力不复存在，在这种情况下，地球将脱离引力无形的绳索，飞入浩渺的宇宙深处。现在让我们再来想象一下，如果引力消失，地球上的物体将会变成什么样呢？那时所有的东西都无法留在原地，只要轻轻一推，就会飞向太空中。甚至，哪怕没有外力推动，那些没有与地球表面稳固相连的东西，都会在地球的自转作用下被抛入太空。

以此为主题，英国作家 H.G. 威尔斯写了一本有关月球旅行的幻想小说，名为《月球的第一批访客》，在小说中，他提出了一种非常新颖而巧妙的星际旅行方式。故事的主人公是一位科学家，他研制出了一种特殊的物质，这种物质能够屏蔽地球引力的影响。无论是什么物体，只要涂上一层这种物质，就能摆脱地球的引力，而只受到其他物体引力的作用。威尔斯用主人公的名字为这种物质命名，称其为"卡沃尔剂"。

小说里是这么写的：

众所周知，任何物体都会受到引力的影响。我们可以铺设屏障，来阻挡光线与热量，也可以使用金属片，来阻隔无线电波，但没有什么物质，可以让太阳引力或地球重力失去作用。为什么在自然界中寻找不到让引力失效的物质呢？卡沃尔笃定这种物质一定存在，他相信自己可以制造出这种屏蔽引力的物质。

即使是缺乏想象力的人也能想到，有了这样的物质，就有了通天的本领。举个例子，如果一个人想要举起极重的物体，那他无须考虑这个物体的重量，只需要在重物下面涂上这种物质，就能轻而易举地将重物举起。

利用这种神奇的物质，卡沃尔和他的朋友建造了一艘宇宙飞船，他们开着这艘飞船进行了一次大胆的月球之旅。这艘飞船的构造非常简单，它没有发动机，完全依靠天体之间的引力来移动。

威尔斯对这艘宇宙飞船的描述如下：

这是一艘圆球状的飞船，内部空间十分宽敞，足以容纳两个人和他们的行李。它的壳有内外两层，外层的材质是钢，内层的材质是厚玻璃。飞船里堆放着压缩空气、压缩食品以及制造蒸馏水的仪器。钢质外壳上涂了一层卡沃尔剂，玻璃内壳则是完全密闭的，只留下一扇舱门可供出入。飞船的外壳是拼接在一起的一块块钢板，每一块都可以像窗帘一样卷起来。这是用特制的弹簧制造的，制造过程也不复杂。坐在玻璃舱内的人可以操控由白金导线传输的电流来控制钢质外壳的升降。但这些不过是技术上的细枝末节，真正重要的是飞船外壳的窗户和涂有卡沃尔剂的窗帘。当所有窗帘降下的时候，飞船就会被遮挡得严严实实，无论是光线、辐射还是引力都无法穿透它，它将在宇宙空间内笔直地前进。但想象一下，如果我们卷起一片窗帘，碰巧对着这扇窗户的巨物就能把我们吸引过去……如此一来，我们就能自由地穿行于宇宙之间，想去哪里就去哪里。

卡沃尔和他的朋友是如何飞往月球的呢

威尔斯非常生动地描述了飞船启航的情境。飞船外壳那层薄薄的卡沃尔剂让它完全失去了重量，我们知道，没有重量的物体是无法停在大气层底部的，就像湖底的软木塞最终会浮到湖面上一样，这艘没有重量的飞船也会在地球自转的惯性作用下，被甩出大气层的边界，飞入幽深的宇宙。卡沃尔和他的朋友就是利用这样的方法飞到了太空中，他们操纵窗帘起起落落，让飞船受到来自太阳、地球或月球的引力，最终抵达月球的表面。后来，这些旅行者中的其中一个再次乘坐这艘飞船返回了地球。

在这本书里，我并不打算剖析威尔斯的计划，读者要是对这部分内容感兴趣，可以参阅我别的著作，我谈到了这个计划的不可行性。让我们暂且相信威尔斯的描述没有纰漏，跟随卡沃尔和他的朋友一起去探访月球。

月球上的半小时

现在让我们来看一看，当主人公们到了一个重力比地球弱得多的世界中，会有怎样的遭遇。以下是他们初登月球的描写：

我旋开飞船的舱门，跪着把上半身探出舱外，在距离我的脸下方3英尺（1英尺约为0.3米）的地方，有一片从未有人涉足的月亮上的雪地。卡沃尔在舱边坐了下来，身上披着一条毯子，他谨慎地把双脚向下放，但在离地面还有半英尺高的时候，他犹豫了一下，最后还是站在了人迹未至的月球表面上。

我隔着飞船的玻璃壳望着他向前走去，只见他没走几步就停在了原地，四处张望了一下，便开始跳了起来。

在玻璃的折射下，一切都变得十分扭曲，但我清清楚楚地看到，卡沃尔跳动的距离非常惊人，他轻轻一跳，就能跳到距离我20到30英尺远的地方。他站在一块岩石上冲我打着手势，或许还在冲我喊着什么，我却听不到他的喊声……可他为什么要跳着走呢？

我一头雾水地爬出舱门，落到地面上，在我脚下，雪堆已经融化成了雪沟。迈出第一步后，我也跳了起来。

我感觉自己仿佛在空中飞翔，瞬间就来到了卡沃尔等待我的那块岩石前。我试图抱住那块岩石，人却变得手足无措。卡沃尔躬着身子冲我大声尖叫，让我注意安全。此时我早已忘记，我在月球上的体重只有在地球上的 $\frac{1}{6}$，现在，现实的情况提醒了我。

我小心翼翼地爬到了岩石的顶端，就像得了风湿病一样，踉踉跄跄地来到了向阳的石坡上，与卡沃尔并肩站在一起。我们的飞船就在30英尺以外那一片融化的积雪中。

"看啊。"我转过头正要跟卡沃尔说话，他却不知去向。

有那么一瞬间，我害怕得呆住了。等我镇定下来，便匆匆地跑向岩石后面寻找他的踪迹。但我又一次忘记了，现在是在月球上。我所使的力量，如果在地球上能让我迈出1米，那么在月球上就能让我迈出6米，结果我只用了一步就跨到了距离岩石旁边5米远的地方。

此时的我仿佛在做一个不断下坠的梦。人在地球上坠落的时候，第一秒大约会坠落16英尺，而在月球上坠落的时候，第一秒大约会坠落2英尺，再加上我现在的重量只有在地球上的$\frac{1}{6}$，因此，当我从10米的空中坠落，或者说，跳落的时候，需要很长时间——需要五六秒——才能落地，我就像飘浮在空中的一根羽毛，落到蓝灰色的石谷中，没入齐膝深的积雪里。

"卡沃尔！"我环顾四周，大声地喊着，但卡沃尔不见人影。

"卡沃尔！"我喊得更大声了……

突然间我看到了他。他站在离我二三十米远的一块光秃秃的峭壁上，边笑边冲我打着手势。我听不到他的声音，但从他的手势里，我看出他在叫我跳过去。但距离太远了，我有些犹豫不决。但我马上意识到，卡沃尔都可以跳到那么远的地方，我也一定可以。

我后撤一步，用尽全力向他跳去，仿佛一只离弦之箭冲入空中。

这真是一种刺激又美妙的感觉，如同梦一般飞翔又坠落。但我发现我跳得太猛了，我从卡沃尔的头顶飞了过去。

在月球上射击

　　科学家齐奥尔科夫斯基写过一篇叫作《在月球上》的小说。我从这篇小说中摘录了一些段落，来帮助读者们更好地理解重力是如何影响物体运动的。物体在地球上运动时，会受到大气层的干扰，因此简单的落体定律，会因为附加的条件而变得复杂。而月球上没有大气层，所以那里很适合搭建一座研究落体的实验室，当然前提是我们能够抵达月球并在那里展开科学研究。

　　现在，让我们来看看齐奥尔科夫斯基的描述。但我要先向读者们解释一下，以下内容是两个人在月球上的谈话，他们正在讨论射出的子弹是如何在月球上运动的：

　　"不过，火药在月球上会不会起作用呢？"

　　"在真空环境下，爆炸物的威力比在空气中还要大，因为空气会阻碍火药的爆炸；至于氧气，我们就不必考虑了，因为火药本身含有足够的氧气量。"

　　"我们不如让枪口竖直朝上，这样弹壳就会掉落在我们附近。"

　　一道火光晃过，轻微的"砰"声响起（这种声音是通过地面和人体传播的，而不是通过空气传播的，月球表面没有空气），地面出现了微微的颤动。

　　"弹塞去哪儿了？它应该就在附近啊。"

　　"弹塞跟子弹是同时离膛的，它很可能会和子弹一起继续升空。在地球上，大气阻碍了弹塞随着子弹一起运动，但在月球上，上升和下落的羽毛与石头都保持同样的速度。假设你从枕头里掏出一根羽毛，我拿一个小铁球，手持羽毛的你可以像手持铁球的我一样，轻而易举地击中一个距离很远的靶子。在重力微弱的情况下，我能够将小铁球扔到400米远的地方，你也可以将羽毛扔得同样远。当然，你在扔羽毛的时候并不会花费很大的力气，甚至感觉不到你在扔什么东西。我看我们两人的力气差不多大，让我们瞄准那块红色的花岗岩，用尽力气把手中的东西扔过去……"

结果，羽毛如同被旋风席卷一般破空而去，稍稍地落在了铁球的前面。

"发生了什么？已经过了3分钟了，射出去的子弹依旧不见踪影。"

"耐心再等几分钟吧，你会再次看到它的。"

果不其然，几分钟之后，地面出现了微微的颤动，我们看到弹塞在不远处弹落。

"这颗子弹飞了好长时间啊！它能飞到多高呢？"

"大约70千米。这里重力微弱，且没有阻力的影响，所以子弹可以飞得这么高。"

让我们来验证一下这个数字是否准确。若子弹从枪口射出的一瞬间拥有500毫米／秒的速度（这个速度大约是现代步枪

的 $\frac{2}{3}$），那么在地球缺乏大气的地方，这颗子弹的飞行高度是
$h=\dfrac{v^2}{2g}=\dfrac{500^2}{2\times10}=12500$ 米或 12.5 千米。

如果是在重力只有地球上的 $\frac{1}{6}$ 的月球上，子弹的飞行高度就是 12.5×6=75 千米。

无底之井

到现在为止，我们对地心深处的情况还知之甚少。有些人认为 100 千米厚的坚硬地壳下面是滚热的岩浆，有些人则认为地球从地表到地心都是固态的。我们很难回答哪种看法是正确的，因为人类所挖的最深的钻井不过 7.5 千米，而人类可以勘探的最深的矿井只有 3.3 千米（这座矿井是位于南非波克斯堡的一座金矿，它的入口高出海平面 1.6 千米，这意味着它在海平面以下的深度只有 1.7 千米）。如果沿着地球的直径凿一个洞，问题一定可以迎刃而解，但地球的半径长约 6400 千米，我们现有的钻井设备还做不到这一点，尽管迄今为止所有钻井的长度加起来已经超过了地球的直径。

18 世纪时，数学家莫佩尔蒂和哲学家伏尔泰曾设想过在地球中间凿一条隧道。后来，法国天文学家弗拉马里翁再次提出了这个设想，但他的设想相较于前面的两位，规模略小一些。

当然，人类到现在也没有开凿过这样的隧道，但我们不妨想象它已经存在，以此来思考一个有趣的问题：如果你掉进一个无

第四章 万有引力

85

底井中（让我们暂且忽略大气阻力的作用），会发生什么呢？你不会跌到井底，因为这口井是没有底的，那么，你会停在哪里呢？地心吗？答案是否定的。因为当你坠落到地球中心时，你的速度会非常快（大约8千米/秒），将无法停留在这个点上，你会冲过这个点，继续下坠，然后你的速度会逐渐变慢，直到你到达这口井的另一端，此时你必须牢牢抓住井的边缘，否则就会再次坠入井中，像钟摆一样无休无止地摆动下去。当然，这种情况的前提是忽略大气阻力（如果考虑到大气阻力的作用，这个摆动将逐渐减弱，你最终会停在地球的中心）。

如果要从井的一端到达另一端，需要多长时间呢？答案是84分钟24秒，大约1.5小时。

弗拉马里翁写道：

如果这口井的两端连通地球的两极，就会出现上述的情况。然而，如果我们将井口挪到别的纬度上，比如，欧洲、亚洲或非洲的话，就要把地球自转的影响也考虑在内。我们知道，地球上的每一个点都保持着运动，赤道上的点每秒运动465米，而巴黎纬度上的点每秒运动300米。距离地球的自转轴越远，圆周的速度也会相应增加，所以将一只小铅球扔进井里的话，它坠落的方向不是垂直的，而是向东偏斜。如果要在赤道上开凿这口井，就必须保证它的宽度很宽或斜度很大，因为在这口井中下坠的物体会远离地心，向东偏移。

如果我们将井口挪到南美的一片高度为2千米的高原上，

井口的另一端连通海面，那么，不慎坠入高原上的井口的人从井的另一端飞出的时候，还能再升上2千米的高空。如果井口的两端都在海面上，那么坠入井口的人从井的另一端飞出时，速度为0，我们只要伸出手，就能把他接住。而在前一种情况下，我们应该躲到边上，以免和这位"空中飞人"撞个满怀。

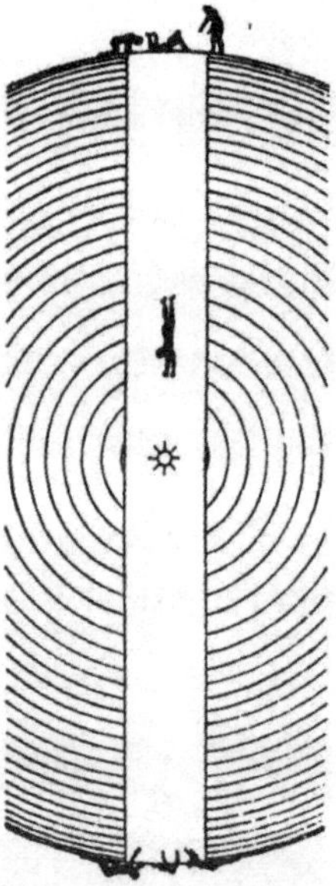

图39 假如你落入了一口穿过地心的深井，你会像钟摆一样在井的两端之间来回摆动。从井的一端到达另一端大约需要84分钟

童话世界中的铁道

从前，圣彼得堡出现过一本名字古怪的小书，名叫《圣彼得堡与莫斯科之间的自动铁道——三个章节未完待续的奇遇》。这本书的作者 A.A. 罗德内赫提出了一个非常巧妙的构想，那些热衷于探讨物理学悖论的人都对他的这一构想充满了兴趣。他的想法是这样的：开凿一条600千米长的笔直的隧道，隧道两端连接圣彼得堡和莫斯科。这样一来，人类就能首次沿直线旅行，而不是像以往那样沿曲线旅行了（作者的意思是，我们所有的道路都是沿着弯曲的地面建造的，所以道路都呈弧形，而他设计的隧道是完全的直线，沿着地球的一条弦直通到底）。

假如这个想法能付诸现实，那么这条隧道将具备世上所有道路都没有的特性：在这条隧道里行驶的车辆全都可以自己行驶。让我们回忆一下前面讲过的无底之井吧，这条从圣彼得堡到莫斯科的隧道与它非常相似，只不过隧道的开凿不是沿着地球的直径，而是沿着地球的一条弦。诚然，乍一看图40，我们会感觉这条隧道是水平的，火车不可能借用重力在里面行驶。但这只是一种视错觉，如果我们从隧道的两端画出两条地球的半径（半径的方向是垂直的），你就会发现隧道并不与垂直线的方向呈直角，换句话说，隧道并不是水平的，而是倾斜的。

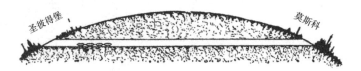

图40　如果在圣彼得堡与莫斯科之间挖掘一条隧道，
那么火车不需要车头，依靠重力就能在隧道中来回行驶

任何物体在这样倾斜的隧道中都会受到重力的作用，贴着隧道的底部，像钟摆一样来回运动。如果在隧道内铺设铁路，火车就可以自动行驶，牵引着它的是自身的重力而不是车头。一开始火车移动的速度非常缓慢，但是它的速度每秒都在增加，用不了多久就会达到一个惊人的数值，此时隧道中的空气会对它造成不小的阻力。但让我们暂且不管空气的阻力（它让许多奇思妙想都成了泡影），继续聊一聊这列火车将如何运行。当火车抵达隧道中点时，它的速度将比离膛的炮弹还要快出许多倍，在这样快

的速度下，火车几乎能够一路冲至隧道的尽头。如果没有摩擦力的存在，那么"几乎"两个字也可以删去了，这列没有车头的火车能够从圣彼得堡自动行驶至莫斯科。通过计算我们会发现，无头火车行驶一趟所需要的时间，等同于物体穿过无底之井的时间——42分12秒，让人感到惊奇的是，通过隧道的时间并不取决于隧道的长短。无论是从莫斯科到圣彼得堡，还是从莫斯科到符拉迪沃斯托克（海参崴），或是从莫斯科到墨尔本，都要花费42分12秒（顺便说一下，通过无底之井的时间也并不取决于井的大小，而是取决于密度）。

如果我们把火车换成别的车——汽车、马车或其他任何车——结果仍然是一样的。这当真是一条童话世界中的道路！虽然它本身不会移动，在上面行驶的车辆却能飞快地从一端自动奔向另一端。

如何开凿隧道

图41向我们展示了3种开凿隧道的方法。现在请你告诉我，哪一条隧道是水平的呢？

既不是最上面的那一条，也不是最下面的那一条，而是中间沿着弧线开凿的那一条。这条弧线上所有的点都与垂直线——地球的半径——呈直角。它的曲度与地面的曲度保持一致，所以这条隧道是水平的。

通常情况下，隧道都是按照图41最上面的样式建造的——沿着隧道两端与地面相切的直线开凿。这种隧道一开始向上翘起，然后又向下倾斜。它的优势在于隧道内不易积水，水会在重力作用下流出洞口。

如果隧道是严格按照水平方向建造的，那么它就会呈弧形。积水不会向外流淌，因为隧道里任意一点的水都维持着平衡状态。当这种隧道的长度超过15米的时候，例如，长达20米的辛普伦隧道，我们站在隧道的一端是看不到它的另一端的，因为隧道的顶端遮住了我们的视线，这种隧道的顶端比它的两端要高出4米多。

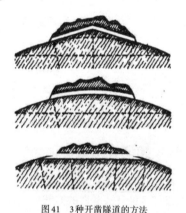

图41　3种开凿隧道的方法

最后，如果我们沿着隧道两端之间的直线来开凿，这条隧道就会稍稍向中点凹陷。这种隧道里的积水不仅无法流到洞口，还会积在隧道的最深处。但如果我们从这条隧道的一端向里望去，可以望到这条隧道的另一端。图41向我们清楚地展现了这些场景（顺便一提，水平轨道都有一定的曲度，且不可能是笔直的，而垂直轨道恰恰相反，它们只能是笔直的）。

5

第五章

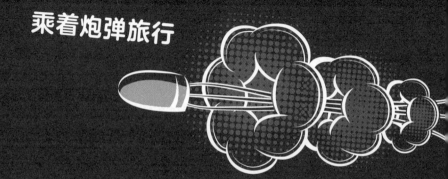

乘着炮弹旅行

在结束关于运动定律和引力定律的讨论之前，让我们先来谈谈儒勒·凡尔纳在《从地球到月球》和《环绕月球》中描述的奇妙的月球之旅。如果你读过这两本书，那你应该还记得故事讲述的是南北战争结束后，巴尔的摩城大炮俱乐部的成员因为闲来无事，决定铸造一门大炮，向月球发射一颗巨大的空心炮弹，炮弹内部可以搭载乘客。那么，这个想法能够实现吗？或者说，我们能否给予物体一个足够大的速度，使它脱离地球，一去不返呢？

牛顿山

发现了万有引力定律的天才科学家牛顿在《自然哲学的数学原理》中写过这样一段话："由于重力的作用，我们抛向空中的石头将偏离直线轨迹而沿着曲线轨迹下落。我们抛出石块的速度越快，石块的飞行距离就越远。它可能会沿着曲线飞行10英里（1

英里约为1.6千米，后同）、100英里甚至1000英里，最终脱离地球的束缚，一去不返。"假设图42中的*AFB*表示地球的表面，*C*表示地球的中心，而*UD*、*UE*、*UF*和*UG*表示从高高的山顶上向水平方向以逐次递增的速度抛落的物体所经过的曲线轨迹。在这里，我

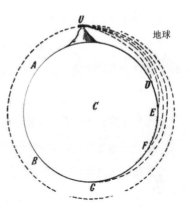

图42　在山顶上以极快的速度朝着水平方向扔石头，石头会怎样下落

们暂且不考虑空气阻力的影响。在初速度较小的情况下，物体的下落轨迹用*UD*表示；如果初速度加快，就用*UE*表示；如果初速度变得更快，就用*UF*、*UG*表示。当初速度足够快的时候，物体将绕地球飞行一圈，然后回到山顶的起点。由于物体在回到起点的时候，速度与它的初速度完全相同，所以物体将沿着这条轨迹继续运动。

假设山顶上有一门大炮，它射出的炮弹在达到一定的速度时，就不会再落到地球上，而是不停地围绕地球环行。可以很容易地计算出这种情况发生在炮弹速度大约为8千米/秒的时候，换句话说，从大炮中发射的炮弹，速度若能达到8千米/秒，那么它就会成为环绕地球的一颗卫星。这颗卫星比赤道上任何一点的速度都要快17倍，其旋转周期为1小时24分钟。如果炮弹拥有更快的初速度，那它环绕地球的轨迹就不再是一个圆形，而是一个

拉长的椭圆形,这个椭圆形的一端可以离地球很远。如果炮弹的初速度变得更快,快到约为11千米/秒时,这颗炮弹就会脱离地球,飞往幽深的宇宙(请注意,以上所有讨论的前提是炮弹在真空而非空气中运动)。

现在让我们来看看,儒勒·凡尔纳描述的飞往月球的方法是否可行。目前大炮无法使炮弹的初速度超过2千米/秒,而这仅仅等于我们飞往月球所需速度的$\frac{1}{5}$。但巴尔的摩城大炮俱乐部的成员认为,只要将大量的炸药装进巨型大炮中,就能产生足够的速度,将他们的空心炮弹射向月球。

幻想中的大炮

于是,巴尔的摩大炮俱乐部的成员们铸造了一门长约250米的巨型大炮,炮身垂直埋在地下。然后他们又制作了一颗重约8吨的炮弹,炮弹内建有客舱。炮膛里装有160吨的硝化纤维素火药。根据儒勒·凡尔纳的说法,炮弹发射时的初速度为16千米/秒,即使考虑到空气阻力的影响,它的速度仍然可以达到11千米/秒,这个速度足以使它脱离地球大气层而飞向月球。

如果我们用物理学原理去检验一下书中的说法,就会发现,儒勒·凡尔纳的计划是站不住脚的,但读者们恐怕想不到,这个计划最大的问题其实出在火药这个点上,无论放入多少火药,炮弹的初速度都无法达到3千米/秒。

除此之外，儒勒·凡尔纳也没有将大气阻力纳入考虑范围，高速飞行的炮弹势必会受到大气阻力的影响，从而或多或少地偏离飞行轨迹。就算我们撇开以上所有的漏洞不谈，乘坐炮弹飞向月球的计划也会遭受许多人的反对。对乘客而言，这个计划十分危险，不要以为出现危险的是从地球飞到月球这段路程，事实上，如果乘客在炮弹发射的瞬间幸存下来，往后就没有什么可担心的了。虽然炮弹将载着乘客以巨大的速度在太空中飞驰，但乘客们不会因此而受到伤害，这种情况就跟地球上的情况非常类似，地球环绕太阳的速度比这个速度还要快，但生活在地球上的人不会为这种速度所困扰。

沉重的帽子

对炮弹里的乘客来说，最危险的时刻是炮弹冲出炮膛的那百分之几秒，因为在这极其短暂的时间内，他们的速度将从 0 加速到 16 千米 / 秒。难怪乘客们在等待发射的时候是如此心惊胆战。巴尔的摩大炮俱乐部的主席巴尔比根说，炮弹发射的瞬间，坐在炮弹里的乘客面临的危险就像站在炮弹前面的人一样大。他说的完全正确。炮弹发射时客舱底部对乘客造成的冲击力和炮弹在飞行路线上击中物体的力量所差无几。小说里的乘客们对这种危险太过轻视，他们认为最坏的情况也不过是擦破头皮出点血。

但现实情况要严重得多。火药爆炸时产生的气压将使炮弹在炮膛中做加速运动，诚如前文所述，在不到1秒的时间内，炮弹的速度将从0增加到16千米/秒。为了简单起见，我们假设这是一个匀加速运动。这样一来，为使炮弹的速度在极短的时间内达到16千米/秒，加速度就应该达到600千米/二次方秒（我们会在后面的章节讲到计算方法）。

要知道，地球表面的重力加速度通常只有10米/二次方秒，这样你就能更清楚地意识到600千米/二次方秒是一个多么致命的数值（让我补充一下，一辆赛车从起点出发的加速度不超过3米/二次方秒，而一列火车平稳驶出时的加速度只有1米/二次方秒）。由此可见，在炮弹发射的瞬间，炮弹内的所有物体都会以6万倍的重量向舱底施加压力，换句话说，乘客们会感觉他们的体重增加了几万倍。在如此巨大的重力作用下，他们会在一瞬间被压死。巴尔比根先生戴的帽子的重量会在发射的瞬间增加至15吨，这样沉重的一顶帽子能轻而易举地将他压扁。

儒勒·凡尔纳的确在小说中提到了一些减缓冲击的方法：在炮弹内安装弹簧装置和注满水的双层底板。这样就能延长冲击的时间间隔，从而减缓速度的增加。但考虑到巨大的冲击力，这些装置的效用是微乎其微的。乘客压向舱底的力量可能会有所减弱，但头上的帽子无论是15吨还是14吨都照样能把人压得粉身碎骨。

怎样减缓急剧加速带来的伤害

力学定律向我们提供了减缓速度急剧增加的方法。我们需要做的就是将炮筒加长数倍。如果我们想让炮弹内的人造重力与地球重力相等，那就要把炮筒铸造得非常长，通过粗略的计算我们可以得出，炮筒的长度至少要达到6000千米，这意味着儒勒·凡尔纳的"哥伦比亚号"大炮将直抵地心。这个时候，乘客们才不会有不舒服的感觉，速度的缓慢增加只会产生与乘客自身重量相同的重量，因此乘客感受到的重量仅仅是自身重量的两倍。

顺便说一下，在极短的时间内，人的身体可以承受比平时大几倍的重力而不会受伤。举个例子，当我们在乘坐雪橇滑行的途中突然改变路线，一瞬间我们的体重会明显增加，也就是说，我们自身的重量会加倍地作用在雪橇上。我们的身体可以承受自身3倍的重量而不至于感到不适。假设人在短时间内可以承受自身10倍的重量，那么铸造一门600千米长的大炮就足够了。但在技术层面上，这个方案根本无法实现。

由此可见，要实现儒勒·凡尔纳的奔月计划，所需条件未免不切实际，因此这项计划只能在想象中搁浅（我在第一本《趣味物理学》中谈到过，儒勒·凡尔纳在描写炮弹飞行的过程时犯了一个严重的错误，他忽略了一点：炮弹和炮弹内的所有物体在引力的作用下以相同的加速度在空间中运动，它们不可能相互施加压力。也就是说，炮弹动力关闭的刹那，炮弹内的物体就进入了失重状态，能够自由地悬浮在空中。详见第一本《趣味物理学》

中《飞向月球：儒勒·凡尔纳 VS 真相》这一章节）。

写给数学爱好者们

读者当中一定有人想亲自验算一下上文提到的数据。那么我们现在就来算一算。不过有一点需要注意，我们得出的都是近似的数值，因为我们假设炮弹在炮膛内做匀加速运动（实际上速度的增加不是均匀的）。

我们需要用到下面两个匀加速运动的公式：

当 t 秒结束时，速度 v 等于 at，这里的 a 代表加速度，即 $v=at$

在 t 秒内经过的距离 s 可以用公式 $s=\dfrac{at^2}{2}$ 求出

现在，我们要利用这两个公式求出炮弹在大炮的炮膛内运动的加速度。从小说中我们得知，没有装填火药的炮膛长度为 210 米，也就是说，炮弹移动的距离 s 为 210 米。我们还知道，炮弹最后的速度 $v=16000$ 米 / 秒。有了 s 和 v 的数值，我们就能求得炮弹在炮膛内运动的时间 t——当然，前提是我们把这个运动看作匀加速运动。那么：

$$v=at=16000$$

$$210=s=\frac{a\,t\times t}{2}=\frac{16000t}{2}=8000t$$

$$因此\,t=\frac{210}{8000}\approx\frac{1}{40}\;秒$$

原来炮弹在炮膛内只运动了 $\frac{1}{40}$ 秒！

如果我们把这个数值 $t=\frac{1}{40}$ 秒代入公式 $v=at$ 中，就能得出：

$$16000=\frac{1}{40}\,a\qquad a=640000米/二次方秒$$

由此可知，炮弹在炮膛内运动时的加速度是640000米/二次方秒，也就是说，比重力加速度大64000倍。那么，炮膛需要多长，炮弹的加速度才能只比重力加速度大10倍，即100米/二次方秒呢？

要解决这个问题，我们就要把刚才的算法倒过来计算。已知 $a=100$ 米/二次方秒，$v=11000$ 米/秒（不考虑大气阻力的情况下，这样的速度是足够的），可推知结果为605千米。

利用这些数据，我们可以轻松地否定儒勒·凡尔纳引人入胜的奔月计划。[1]

1　本章节中的所有计算毫无疑问都是正确的。在本书面世不久之后，载人飞船将借助于火箭飞往月球和其他星球，也许我们无法成为飞船上的旅客，但能目睹这些了不起的成就。——编者注

第六章

液体和气体的特性

无法沉潜的海

有一片无法沉潜的海,它就是著名的死海。死海的海水盐度很高,因此几乎没有生物能够在里面生存。当地炙热无雨的气候致使海水迅速蒸发,但蒸发掉的都是水分,溶解于水的盐分仍然留在海里,所以盐的浓度越来越高。这就是为什么死海的含盐量不像大多数海洋那样只有2%到3%(按重量计算),而是达到了27%以上,而且海水的盐度会随着海水深度的增加而增加。

由此可知,死海约$\frac{1}{4}$都是由溶解在海水中的盐构成的,据估计,这片海域中的盐总量为4000万吨。

高含盐量赋予了死海一种特性:它的海水重量比普通海水要重得多,甚至比人的身体还要重,因此人不会沉入死海中。

我们身体的重量比同等体积的浓盐水要轻得多,因此根据浮力定律,人不可能沉入死海中,而会漂浮在海面上,就好比普通的鸡蛋会沉入清水中,却会漂浮在盐水上一样。

著名的美国幽默作家马克·吐温曾在游览死海之后,以风趣诙谐的笔调在书中描述了与同伴在死海里游泳时非同寻常的感受：

　　在这里游泳真是太有趣了！我们绝不会沉入海中。你可以伸直身子，将双臂放在胸前，躺在海面上，从你的下颌角到脚踝画一条线，这条线以上的身体都会露在海面以上，甚至你还可以把头抬起来……你可以惬意地仰着脑袋，把膝盖抬到下巴下面，双手抱住双腿，不过考虑到头部的重量，你肯定会翻个跟头。你还可以在海面上倒立，头朝下浸在海中，从胸部到脚尖的这部分身体露出海面，不过这个姿势不能长久地维持。在死海里仰泳是很难前进的，因为你的双脚漂浮在海面上，只有脚跟能够蹬水。如果换成俯泳的姿势，那么你就会像一艘明轮船一样，使劲动却无法前进。像马这样头重脚轻的动物，在死海中既无法游泳，也无法直立，唯一能做的就是侧躺在海面上。

　　在图43中，我们看到一个人舒舒服服地躺在死海的海面上。由于海水的密度较大，他能够撑起一把伞，躲过炽热的阳光，在伞下悠然地读书。卡拉博加兹戈尔湾与埃尔顿湖的水含盐量也都超过了27%，它们也具备死海的特性。（卡拉博加兹戈尔湾的水密度达到1.18，探险家佩尔什曾说过："在这种密度的水中，人们可以轻而易举地漂浮起来，无论怎么挑战阿基米德浮力定律，都绝不会沉下去。"）

图43　在死海里看书（根据照片绘制）

采用盐水浴疗的病人，也常常有类似的体验。如果水的含盐量太高，例如，旧鲁萨的矿物水，病人要费很大的力气才能沉到浴盆底部。我曾听一位在旧鲁萨疗养的女士抱怨浴盆里的水总是将她向外推，她认为这要归咎于疗养院的管理人员。

不同海域的海水的含盐量各不相同，所以船在不同海域的吃水深度也存在差异。或许有读者在船侧的吃水线附近见过"劳埃德记号"，它表示的是船在不同密度的水中的最高吃水深度。

如图44中的满载标记，它表示船的最高吃水深度：

FW——在淡水里（Fresh Water）

IS——印度洋，夏季（India Summer）

S——在咸水里，夏季（Summer）

W——在咸水里，冬季（Winter）

图44　船侧的满载标记（右上为放大图，文中解释了字母缩写的含义）

WNA——在北大西洋里，冬季（Winter North Atlantic）

从1909年起，俄国要求每艘船必须做这样的标记。

最后，我想向诸位读者补充一点，有一种形态的水，在不含任何杂质的情况下，也比普通的水要重。它的密度是1.1，也就是说，它的密度比普通的水要大10%。在这样的水里，即使是不通水性的人也不会溺水。这种水叫作"重水"，它的化学式是D_2O（重水中的氢原子是普通氢原子重量的2倍，它的化学符号是"D"）。普通的水中也含有少量的重水，1桶水中大约只有8克重水。

现在，我们已经有条件提取纯净的重水（重水有多达17种可能的成分），在这种纯净的重水中，普通水的含量只有0.05%。

重水广泛应用于核技术，尤其是核反应堆。我们通常采用工业化的方法从普通水中大量提取重水。

破冰船是如何工作的

读者们不妨在洗澡时做个实验。在走出浴盆之前，先把放水孔打开，然后在浴盆里躺一段时间。随着时间的推移，露出水面的身体越来越多，你会感觉自己在慢慢变重。借助这个实验，你能清楚地感知到身体在水中失去的重量——你可以回想一下，当浴盆里装满水时，浸没在水中的身体是多么轻快。

鲸鱼有时也会经历与这个实验相同的情况——如果在退潮的时候搁浅在浅滩上，鲸鱼就会面临致命的危险，它们会因为巨大的自身重力而被压死。怪不得鲸鱼只能生活在海洋中，因为海水的浮力能够使它们免于重力的伤害。

可能有读者会问，这跟标题里的破冰船有什么关系呢？实际上，破冰船的工作基于相同的物理原理：船身露出水面的部分，其重量没有被浮力所抵消，所以与它在地面上的重量是一致的。不要以为破冰船是靠船头施加压力将冰层切开的，逊一些的切冰船才会用这样的办法，但也只是在冰层不是很厚的情况下。

真正的破冰船——像"克拉辛号""叶尔马克号"和采用核动力的"列宁号"——采用的是全然不同的破冰方法。破冰船在强大的发动机推力下，可以将船头压到冰面上，船头的吃水部分为此被制造成倾斜状，当船头从水中冲上冰面时，自身的重量全部恢复，而这个极大的重量——例如，"叶尔马克号"的船头重量在800吨左右——可以将冰层压碎。为了加强作用力，有时船头的贮水舱内还要装满水。

采用这种方法，破冰船可以将不算太厚的冰层压碎。假如遇到更厚的冰层，就要用船来撞碎。首先，让破冰船后退，然后全速前进，撞击冰层。这时起作用的不是船的重量，而是运动着的船的动能，此时的破冰船仿佛变成了一个撞锤，连几米高的冰山也能撞个粉碎。1932年，赫赫有名的"西伯利亚人号"破冰船为极地探险破冰辟路，当时船上的极地探险家马尔科夫是这样描述破冰船的工作的：

在数百座冰山之间，在一望无际的冰原上，"西伯利亚人号"开始了52小时的奋战。在整整13班的海上作业中，船舶车钟总是在"全速后退"和"全速前进"间来回摆动。在这段时间里，"西伯利亚人号"重复着一个动作：它飞驰着冲向冰层，用船头撞击它，爬上冰面将冰压碎，之后又向后倒退。慢慢地，厚达 $\frac{3}{4}$ 米的冰层让出了一条道路。每撞击一次，船身只能向前推进 $\frac{1}{3}$ 的距离。

去哪里寻找沉没的船只

海员中甚至也流传着一种说法，据说失事的船只不会沉到海底，而是在深海的某个地方漂流——那个地方的海水"因为承受上层海水的巨大水压，所以密度极大"。

这是正确的吗？

这种说法看上去有一定的道理，因为深海的水压确实是巨大的。物体沉没在10米深的水中时，每平方厘米所承受的水压是1千克；在20米深的水中时，承受的水压是2千克；在100米深的水中承受的压力是10千克，在1000米深的水中承受的压力是100千克。要知道，有许多地方的海域能够达到数千米的深度，最深的地方——太平洋的马里亚纳海沟——甚至可以达到11千米以上。因此我们很快就能意识到，在如此深的地方需要承受多么巨大的压力。

如果我们把一个瓶口塞紧的空瓶子扔进很深的海里，再把它捞上来，我们就会发现，巨大的水压将瓶塞挤进了瓶子里，而瓶子里盛满了海水。著名的海洋学家约翰·默里在《海洋》一书中描述了一项试验：准备3根粗细不同的玻璃管，玻璃管的两端密封，用布将玻璃管包住，放在一个铜铸的圆筒里。圆筒上有孔，水可以自由进出。把圆筒放入5千米深的海中。当我们将它捞上来的时候就会看到，被布包裹着的玻璃管变成了雪一样的碎玻璃渣。假如我们再将一块木头沉入同样深的海里，捞上来之后放在水桶中，它就会像一块砖头一样沉到水桶底，这是因为水压把它压得密实无比。

　　这样一来，我们自然而然地产生了一种想法：如此巨大的压力会使深海的海水变得非常密实，以至于沉重的物体都不会再下沉——就像铁秤砣在水银中不会下沉一样。不过这种想法纯属谬论。实验表明，水和普通的液体一样，是很难被压缩的。当1平方厘米的水承受1千克压力时，它的体积只会缩小 $\frac{1}{22000}$，之后每增加1千克的压力，缩小的程度也与此相当。假如我们想把海水压缩到铁块能在其中漂浮的程度，就要将海水的密度增加为现在的8倍。要将水的密度加大1倍，或者说，将水的体积缩小一半的话，那么每平方厘米的水需要承受11000千克的压力（假设在这样大的压力下，水的压缩率依然保持不变），这样的压力只有在海面下110千米深的地方才存在。

　　由此我们可以得出，深海里的水并不是密实无比的。因为即使在海洋的最深处，海水也仅仅被压缩了5%的体积（英国物理学家泰特曾估计，如果重力突然消失，海水失去了重量，那么海水水位将平均上升35米，因为被重力压缩的海水将恢复正常体积。伯杰曾指出，在这种情况下，"溢出的海水将淹没500万平方千米的旱地，而这些旱地之所以为旱地，只是因为海水被压缩"）。这样的密度无法影响物体在水中的沉浮，而那些原本就浸没于深海中的固态物体，因为也受到相同的压力，所以自身也会相应地变得密实。

　　毋庸置疑，沉没的船只会一直下沉，直到海底。约翰·默里也曾说过："凡是能在水杯里沉底的物体，掉进海里也会沉到海底。"

我曾听到有人持这样的反对意见。如果我们小心地将一只玻璃杯倒扣在水里，那么它就能漂浮在水面上，这是因为它排出去的水的重量刚好等于玻璃杯的重量。如果我们将玻璃杯换成较重的金属杯，那它也能漂浮在水面上，尽管位于水面以上的部分要比玻璃杯要少，但它不会完全沉到水底。因此，如果倾覆的巡洋舰或其他船只上有某个密闭的空间留有空气，那么当它沉到一定的深度之后，就不会继续下沉了。毕竟有不少船只都是底朝天沉入海中的，这之中肯定有些船只没有沉入海底，而是在幽暗的深海中漂流。但是，只要轻轻一推，这些船只就会失去平衡，灌入海水，朝着海底下沉。但海洋的深处永远平静而安宁，即使是最强烈的暴风雨也不会产生影响，那么哪里才能找到这样的推力呢？

从物理学的角度来看，所有这些论证都有一个错误的前提。倒扣的杯子并不能自己下沉到水里，它和木头或瓶口塞紧的空瓶子一样，必须在外力的作用下才能沉到水里。同样，倾覆的船只不会下沉，而会漂浮在水面上，它不可能停留在从海面沉向海底的半路中。

如何实现儒勒·凡尔纳和H.G.威尔斯的幻想

现代潜水艇在很多方面都超过了儒勒·凡尔纳对"鹦鹉螺号"的想象。诚然，现代潜水艇的速度是每小时24海里（1海里约为1.852千米），而"鹦鹉螺号"的速度为每小时50海里，现代潜水艇的速度仅仅是"鹦鹉螺号"的一半；现代潜水艇的最远航程是绕地球1圈，而尼摩船长率领"鹦鹉螺号"完成了双倍的航程。但另一方面，"鹦鹉螺号"的排水量只有1500吨，船员仅仅二三十名，也不能在水下连续停留超过48小时。而1929年制造的隶属于法国舰队的"舒尔库夫号"潜水艇的排水量有3200吨，船员有150名，能在水下连续停留120小时。（现代核动力潜艇使我们能够自由地航行在极少人探索的海域和深海中。它们携带着取之不尽用之不竭的能量，即使航程很远，也不必中途浮出水面补充燃料。所以，美国的核动力潜艇"鹦鹉螺号"在从白令海航至格陵兰海的途中，一次也没有浮出水面，另一艘同样级别的潜艇在环航世界的途中也没有浮出过水面。）

"舒尔库夫号"曾从法国一路航至马达加斯加，中途没有在任何港口停靠过。船上的基础设施和船员的生活条件可以与"鹦鹉螺号"相媲美，此外它还具备一个优点，那就是上层甲板建有防水机库，可以用来停靠侦察用的水上飞机。我还要指出一点，儒勒·凡尔纳没有为"鹦鹉螺号"配备潜望镜，所以潜艇内的人无法在水下观察水面的情况。

现代的潜水艇只有一点比不上儒勒·凡尔纳想象的潜水艇——潜水的深度。然而儒勒·凡尔纳的想象已经脱离了现实，小说中有一段写道："尼摩船长指挥潜艇下潜到3000、4000、5000、7000、9000和10000米的深海。"还有一回，"鹦鹉螺号"前所未有地下潜到了16000米的深海中。小说的主人公这样描述当时的情景："我感觉每一颗钉在潜艇铁板上的铆钉都在颤动，舷窗在海水的压力下向内凹陷。幸好我们的船坚固得像一颗铁疙瘩，否则我们会在瞬间被压成肉泥。"主人公的担心完全是有理由的。因为在16000米的深海中（假如海洋里真的存在这么深的地方的话），水压就会达到：

16000÷10=1600千克/平方厘米

也就是1600个大气压，虽然这样的水压不会压碎钢铁，但无疑会破坏船体结构。

我们现在无法在海洋地图上找到这么深的海域。但在儒勒·凡尔纳的时代（小说写于1869年），考虑到测深方法的不完善，人们对海洋的深度抱有夸张的想象。那个时候人们用的测深工具不是钢丝而是麻绳，用麻绳做的测深线入水越深，就越会被水的摩擦力阻碍，到了一定的深度，测深线无论有多长，都无法再继续下沉，这时麻绳只会纠缠在一起，造成一种水很深的假象。

现代潜水艇可以承受不超过25个大气层的压力，这意味着它们下潜的深度不能超过250米。如果要下潜到更深的位置，就需要借助一种叫作"潜水球"的特殊装置（图45），潜水球是专门用来研究深海生物的，它的样子并不像儒勒·凡尔纳的"鹦鹉螺号"，而更接近H.G.威尔斯在小说《海洋深处》中描写的深水球。这篇小说的主人公就是乘坐这种舱壁极厚的钢球下潜到9千米深的海底。这个钢球并没有配备钢缆，而是带着可拆卸的重物，当它沉到海底之后，只要把这些重物卸掉，就能飞快地浮上海面。曾经有科学家乘坐这种潜水球到达海面900米之下，潜水球利用船上的钢

图45 1934年，威廉·毕比乘坐钢质潜水球下潜到923米的海洋深处
（潜水球的重量为2.5吨，直径为1.5米，舱壁厚约4厘米）

缆下沉到深海，球里的人还可以用电话和船上的人保持联系。

近日，比利时科学家皮卡德在法国（在工程师维尔玛的协助下）和意大利设计出一款新型的深海潜水器。由于配备了钢缆，这款潜水器比潜水球的下潜深度更深。起初，皮卡德只能下潜到3000多米的深度。1959年11月，法国人纪尧姆和维尔玛下潜到了4050米的深度。1959年11月，一台深海潜水器下潜到了5670米的深度，但这还不是它的极限。1960年1月9日，皮卡德下潜到了7300米的深海，1月23日，它到达了马里亚纳海沟的底部，也就是11.5（成书年代的数据。书中具体某项事物的数据，未进行说明的都是成书年代的数据）千米深的海底，这里被认为是世界上最深的地方。

如何使"萨特阔号"破冰船重见天日

每年——尤其是在战争时期——有大大小小数以千计的船只沉入大海。在过去的二三十年里，一些有价值而且方便打捞的沉船已经重见天日。苏联的特殊目的水下作业管理局的工程师和潜水员已成功打捞了150艘大型船只，在世界上享有盛誉。在他们打捞上来的沉船中，最大的一艘是"萨特阔号"破冰船，1916年，它因为船长的失误而在白令海沉没。在沉入海底17年之后，这艘保存完好的破冰船终于重新浮上水面。

打捞沉船的技术以阿基米德定律作为依据。潜水员需要在沉船底下挖12条沟，在每条沟里穿过一条坚固的钢缆，钢缆的两头固定在沉船两侧的浮筒上。浮筒是一种密闭的空心铁筒，如图46所示，它长11米，直径5.5米，重50吨，体积约250立方米。显然，这样的浮筒一定会浮在海面上，因为它的重量只有50吨，排水量却有250吨，它的载重能力等于250吨减去50吨，也就是200吨。我们必须将它注满水，才能让它沉入海底。

把钢缆固定在沉入海中的浮筒上后（图46），我们将压缩空气泵入每个浮筒中。在25米深处，水的压力为25÷10+1个大气压，即3.5个大气压。我们将大约4个大气压的空气泵入浮筒，就能将水排出来。在周围水压的强大作用下，变轻的浮筒渐渐浮上水面。12个浮筒的总载重能力为200×12=2400吨，这已经超过了"萨特阔号"的总重量，为了能让船只平稳地浮上来，浮筒里的水不能全部排出。然而打捞沉船的工作不是一帆风顺的，在经历了几次失败的尝试之后，这艘船才顺利地浮出水面。负责这项工作的工程师 T.A. 博布里茨基写道："在成功打捞'萨特阔号'之前，我们经历了4次失败。其中有3次，当我们屏息等待沉没的破冰船出现时，我们看到的只是在海浪和水沫中打转的碎裂的浮筒和输气管。还有一次，我们已经将这艘破冰船拉到了海面上，但还没等我们将它抓牢，它就又

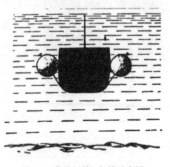

图46 "萨特阔号"打捞示意图
（图上展示了破冰船、浮筒和钢缆的剖面）

一次沉入了海底。"

水力永动机

在众多的永动机设计方案中，有许多是基于浮力定律设计出来的。让我们来看一个例子。有一座20米高的塔，塔里面装满了水，塔上有一圈结实的缆绳连接着塔顶和塔底的滑轮，形成一条环形带。环形带上系着14只正方形的空箱子，每个箱子的边长都有1米，它们由铁板铆接而成，密闭不透水。图47和图48向我们展示了这座塔的假想图和
剖面。

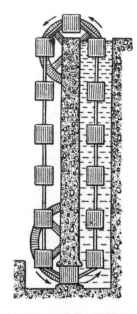

图47　水塔永动机假想图　　　　图48　水塔永动机剖面图

这座水塔是怎样运作的呢？熟悉阿基米德定律的人都知道，在水的作用下，箱子们会向上漂浮，推动它们上浮的力等于它们排出的水的重量，也就是1立方米的水的重量乘以浸在水里的箱子的数量。从图上可以看出，共有6只箱子浸在水中。因此，箱子受到的浮力等于6立方米的水的重量，即6吨。同时我们还要注意，塔内的箱子具有自重，因此会产生压力，但这个压力会被悬挂在塔外的另外6个箱子抵消。

由此可以看出，若想让环形带正常运转，缆绳就必须受到6吨向上的牵引力，这个力会迫使缆绳无休无止地转动，它每转1周所完成的工作量等于：6000×20=120000千克/米。

如果我们把这样的水塔推广到各地，就能获得无限的能量——至少能满足方方面面的经济需求，因为它可以被用来发电，制造无穷的电力。

但要是我们分析一下这个设计，就会发现，缆绳并不能像我们期望的那样转动。我们必须保证箱子是从下面进入水塔，然后从上面离开水塔，缆绳才能持续转动。但箱子在进入水塔时，需要克服20米的水柱的压力。这个水柱对1平方米的箱子表面的压力为20吨——20立方米的水的重量，而向上的牵引力一共只有6吨，根本不足以把箱子拉进水塔里。

在千奇百怪的水力永动机设计方案中，还是有一些简单但精巧的装置。图49向我们展示的就是其中之一。它是一个带轴的木质鼓轮，鼓轮的一部分浸没在水中。根据阿基米德定律，浸在水中的这一部分鼓轮会向上漂浮，只要水的浮力大于轴的摩擦力，

119

图49　另一种水力永动机

鼓轮就能不停地转动。但如果你想要把这个方案付诸现实，结果一定是失败的，你会发现鼓轮根本无法转动。这是为什么呢？因为我们忽略了作用力的方向。这里的作用力自始至终都垂直于鼓轮的表面，也就是说，它与轮边各点指向轴心的方向保持一致。我们都知道，沿着轮子半径的方向施加作用力并不能使轮子转动，沿着轮子的切线方向施加作用力才能使轮子动起来。现在你就能明白为什么这种永动机无法被制造出来。

阿基米德定律对无数的永动机发明者来说是一种致命的诱惑，它鼓励着发明者设计各种奇妙的装置，利用表面上的重量损失来获得永久的机械能，然而他们的这些尝试都没有——也不可能——获得成功。

是谁发明了"气体"一词

"气体"（gas）是科学家们发明的一个词，同类的词还有"温度计"（thermometer）、"电"（electricity）、"电流表"（galvanometer）、"电话"（telephone），以及"大气"

（atmosphere），在所有这类单词中，"气体"毫无疑问是最短的一个。跟伽利略同属一个时代的荷兰化学家、医生海尔蒙特（1577—1644年）从希腊语的"混沌"一词中引申出了"气体"一词。他发现空气中包含了两部分气体，一部分具备助燃的特性，另一部分则没有。海尔蒙特曾写道："我将这种气态的物质称为'气体'，因为它与古代的'混沌'（"混沌"一词的本义是指混杂的空间）一词没有什么差别。"但是，这个词被创造出来之后，有很长一段时间没有得到广泛使用。直到1789年，著名的化学家拉瓦锡再次提到了这个词，那时人们正在热烈议论孟格菲兄弟乘热气球飞行的事情，"气体"一词由此进入了大众视野。

18世纪著名的俄罗斯科学家罗蒙诺索夫为这种气态物质创造了另一个术语——"弹性液质"（顺便说一句，直到我上学的时候，这个术语还在使用）。我想要提醒诸位读者，罗蒙诺索夫在这一方面做出了巨大的贡献，他将一系列科学术语引入了俄语之中，例如，"大气""气压计""空气泵""结晶""物质""压力计""测微器""光学""电""醚"等。在谈及这个问题时，这位被誉为"俄罗斯自然科学之父"的天才科学家说道：

我必须寻找一些全新的术语来为一些物理仪器、物理作用和自然物质命名，虽然这些新的术语一开始听上去非常古怪，但我希望，随着使用次数的增加，这些术语会逐渐为人熟知。

时至今日，罗蒙诺索夫的愿望已成为现实。

一项看起来很简单的任务

你面前摆着一个足以倒满30个茶杯的水罐，把一个茶杯放到它的水龙头下面，拧开水龙头，拿起手表，数一数需要多少秒才能将茶杯倒满。假设茶杯倒满的时间是半分钟。现在我要提出一个问题：如果拧开水龙头，需要多长时间才能让水罐里的水完全流尽？

这个问题是不是看上去很简单？你可能会想，如果倒一杯水需要半分钟的时间，那么只需要一刻钟的时间就能将水罐中的水倒空。

我们不妨来做个实验。结果你会发现，水罐里的水全部流尽需要半小时。这是怎么回事？难道我们算错了？

这个问题看上去十分简单，但我们计算的方法大错特错。要知道，水从水罐中流出的速度并不是恒定的。倒满第一个茶杯之后，水罐中的水压会随着水位的下降而减少，这样一来，我们就要多花一些时间倒满第二个茶杯，同理，此后倒满水杯的时间也会逐渐延长。

任何一种装在敞口容器中的液体，从容器壁上的孔中涌出的速度都与孔上方的液柱高度成正比。伽利略的得意门徒托里拆利是第一个注意到这种关系的人，他将这种关系表示为一个简单的公式：$v=\sqrt{2gh}$。其中 v 表示液体涌出的速度，g 表示重力加速度，h 表示孔上方液柱的高度。从这个公式可以看出，液体涌出的速度与密度没有直接的关系。在液柱高度相同时，质量轻的酒精和质量重的水银都将以相同的速度从孔里涌出来（图50）。我们还可以从公式中看出，在月球上倒满一杯水的时间大约比地球上多2.5倍，因为月球的重力只有地球的$\frac{1}{6}$。

现在我们来解答一下前文提出的问题。如果水罐倒满20个杯子之后，水位（从水龙头口算起）下降到了原来高度的$\frac{1}{4}$，那么装满第21个杯子所需的时间将是装满第1个杯子的2倍。如果水位一直下降到原来高度的$\frac{1}{9}$，那么装满后面几个杯子所需的时间将是装满第1个杯子的3倍。我们可以用微积分来计算这个问题，得出的答案是，让容器中的液体全部流出所需的时间，等于同样体积的液体在原来的液面高度保持不变的条件下全部流出所需时间的2倍。

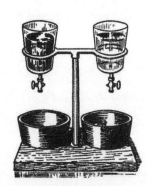

图50　液面等高的情况下，水银和酒精哪个流速快

水池问题

把上一节讲述的问题再延伸一步，就要讲到每一本算数和代数习题册里都会收录的水池问题。想必诸位读者都还记得那个经典而又枯燥的问题：

将两根水管放进水池中，一根水管向水池内注水，另一根水管向水池外排水。第一根水管花费 5 小时将水池注满，第二根水管花费 10 小时将水池排空。假设两根水管同时打开，那么请问要花费多长时间才能将水池注满呢？

　　这类问题早在 2000 多年前就已经出现了，最初提出问题的人是亚历山大里亚的希罗，他讲道：

　　有 4 座喷泉和 1 方大水池，第一座喷泉要花费 1 个昼夜将水池注满，第二座喷泉要花费 2 个昼夜将同样的工作做完，第三座喷泉要花费第一座喷泉 3 倍的时间，第四座喷泉要花费 4 个昼夜才能将水池注满，现在请告诉我，假如 4 座喷泉同时喷水，需要花费多长时间将水池注满？

　　在 2000 多年的时间里，人们一直在解答类似的问题，但他们给出的答案一直是错误的，这就是墨守成规带来的危害！为什么说人们给出的答案是错误的呢？如果你看过了上一节提到的水罐问题，应该就能明白其中的原因。

　　通常情况下，对前文提出的水池问题，我们会做出这样的回答：在 1 小时内，第一根水管注入水池的水是水池容积的 $\frac{1}{5}$，而第二根水管排出的水是水池容积的 $\frac{1}{10}$；如果我们同时打开两根水管，那么每小时注入水池的水是 $\frac{1}{5} - \frac{1}{10} = \frac{1}{10}$，由此我们可以推算出，需要 10 小时的时间才能将水池注满。但是这种推算并不正确，即使水能够在压力不变的条件下均匀地流入水池，随着水池的水面越来越高，水也无法均匀地流出水池。"第二根水管花费10小时将水池排空"这句话并不等同于第二根水管每小时排出的水量是水池容积的$\frac{1}{10}$。初等数学无法计算

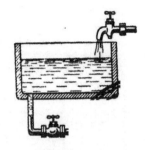

图51　水池问题

出这个问题的答案，所以水池和水流量的问题不应该出现在小学生的算数习题册里。

神奇的容器

我们能否制造这样一个容器：即使容器内的水位下降，水依然能均匀地流出来，而不会越流越慢。如果你阅读了前面几节的内容，或许会认为这是办不到的。但实际上，这个设想是可行的。图52向我们展示的就是这样一个神奇的容器，它是一个普通的窄颈瓶，瓶塞上插着一根玻璃管。如果我们打开玻璃管下方的水龙头 C，液体就会均匀地向外流出，直到液面降低到玻璃管的末端。如果我们将玻璃管向下推到水龙头 C 的位置，那么水龙头以上的所有液体都可以均匀地流出来，只不过是一股涓涓细流。

为什么会产生这样的现象呢？让我们想一想，在打开水龙头

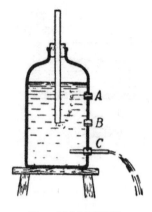

图52　马略特瓶剖面图，
水均匀地流出

C之后，容器中发生了哪些变化。首先，随着水的流出，容器中的水位下降，与此同时，外面的空气通过玻璃管进入水中，与水中稀薄的空气聚合，气泡就从水里冒了出来，聚集在容器上端的水面上。现在，水龙头C的水平面上承受的压力等同于大气压。也就是说，水龙头C只有依靠BC段的水的压力，才能让瓶子里的水流出来，因为容器内外的气压能够彼此抵消。又因为BC段的水的高度没有发生变化，所以从水龙头C流出来的水才会保持相同的流速。

现在请你试着回答一下这个问题：如果我们拔掉和玻璃管下端相平的塞子B，水可以流得多快？答案是，水根本不会流出来（当然前提是塞孔非常小，否则水会在与塞孔直径一样厚的那层水的压力作用下向外流）。这时，容器内外的压力都与大气压相等，水没有受到任何压力的作用，所以无法向外流。

但是如果我们拔掉比玻璃管的下端高的塞子A，我们就会看到，容器内的水没有向外流出，而外部空气涌入了容器。这又是怎么一回事呢？原因很简单：因为容器内的空气压力比容器外的大气压小。

这个特殊的容器是由著名物理学家马略特发明的，因此这个装置被称作"马略特瓶"。

空气的力量

　　17世纪中叶，雷根斯堡的市民和德国皇室成员们一同目睹了一场不可思议的表演：16匹马被分成两队，两队朝着相反的方向拉一个被分为两半的铜质大球，大球的两个半球被空气合在一起，结果这个大球并没有被拉开。马德堡市长奥托·冯·格里克——人们常说的"德国的伽利略"——向所有人展示了空气并不是毫无作用的，它拥有重量，并且对地球上的一切物体都施加了巨大的压力。

　　进行实验的那一天是1654年5月8日，这项实验引起了人们极大的关注。尽管当时政局混乱、战争不断，这位博学多才的市长还是希望通过这项实验让大家对他的研究产生兴趣。

　　尽管几乎每本物理教科书中都能找到对于这项实验的描述，但我相信你更想看看格里克本人的亲笔记录。1672年，他在阿姆斯特丹出版了一本拉丁语书籍，书中记录了他做过的各种实验，像那个时期的所有书籍一样，这本书也有一个非常啰唆的标题：

奥托·冯·格里克

在真空环境里进行的所谓的新马德堡实验

最初由维尔茨堡大学数学教授卡斯帕尔·肖特策划

本书由作者自行出版
内容更加详尽，附有各种新实验

这本书的第23章记录了我们前面所说的那项实验。我将相关的段落摘录在下面：

这项实验表明，空气的压力可以将两个半球紧紧地贴合在一起，甚至16匹马也无法将它们拉开。

我定制了两个直径为0.75埃尔（相当于550毫米）的铜质半球，但是收到的半球直径只有0.67埃尔（370毫米），因为工匠的工艺不够精湛，无法完全达到我的要求。但这两个半球可以贴合在一起。我在一个半球上安装了阀门，用来排空球里的空气，并防止外部空气进入球里。我又在两个半球上分别安装了两个拉环，用来拴住系在马鞍上的绳子。我还叫人制作了一个皮圈，并将它浸泡在混合的石蜡和松节油中，皮圈用来套在两个半球的贴合处，这样空气就很难进入球里。然后，我将抽气筒的管子接在阀门上，把球里的空气抽掉。这时，空气的力量就显现在了我面前。在外部空气的压力下，由皮圈套住的两个半球紧紧地贴合在一起，就连16匹马也很难将它们拉开。当16匹马费尽全力终于将两个半球拉开时，我听到一声开炮一般震耳欲聋的巨响。然而，只要拧开阀门，让空气进入球里，就算用手也能轻轻松松地掰开两个半球。

　　一个简单的计算就能表明，为什么需要用如此大的力（每边8匹马）才能将真空的球拉开。1平方厘米的大气压力约为1千克，直径为0.67埃尔的圆的面积为1060平方厘米（这里我们取半球最大截面的值，而不是半球表面的值，因为大气压力只有在作用于平面时才等于所示值，而对于曲面的压力要小一些）。因此，每个半球承受的大气压力超过了1000千克，也就是1吨，这意味着每一边的马都必须用1吨的拉力来抵消外部空气的压力。

　　对这么多匹马来说，1吨的拉力似乎不是很大，但不要忘了，马在拉1吨的货物时，要克服的是比1吨小得多的力，这个力通常是车轮和车轴、道路的摩擦力。在公路上，这种摩擦力仅仅是货物重量的5%，在货物重量为1吨的情况下，摩擦力只有50千克（事实上，8匹马一起拉货时会损失一半的拉力，但我们先不谈这一点）。因此，8匹马拉1吨的拉力相当于拉20吨重的货车的拉力。这就是马德堡市长的马匹们要拉动的空气重量，这无异于让它们拉动一个没有停在铁轨上的小火车头。

　　假设一匹辕马正在以4千米/小时的速度拉货，那么它所用的力大约为80千克力。马的拉力平均是其体重的15%。一匹赛马的体重约为400千克，一匹辕马的体重约为750千克，这个拉力在开始的一段很短的时间内可能会增加几倍。所以，要将两个半球拉开，每一边需要1000÷80≈13匹辕马。

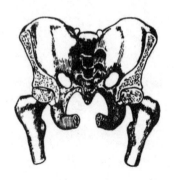

图53　人体的髋关节也像马德堡半球一样，由于大气压力而紧密接合在一起

我还想告诉你一个神奇的事实：人体的一些骨关节正是因为这个原因才不会脱落。我们的髋关节就像马德堡半球，如果把肌肉和软骨剥离出来，股骨仍然会连在一起，因为关节的间隙里没有空气，外部的大气压力将它们紧紧地压在了一起。

新式希罗喷泉

读者们应该都见过普通样式的喷泉，这种喷泉的发明者传说是古罗马数学家希罗。在描述新式希罗喷泉之前，我想先向读者们介绍一下普通希罗喷泉的构造。希罗喷泉（图54）由3个容器组成：最上面的是一个敞开的碟状容器 a，下面是两个密闭的球状容器。如图54所示，3个容器用3根导管连接在一起。我们在容器 a 里装入一些水，在容器 b 里装满水，在容器 c 里装满空气，这时喷泉就开始工作了：水沿着导管从容器 a 流向容器 c，容器 c 里的空气受到压迫而挤入容器 b，容器 b 里的水受到空气的压力作用，顺着导管往上升，如此一来，容器 a 中就形成了喷泉。等到容器 b 中的水流尽了，喷泉就会停止喷水。在希罗的时

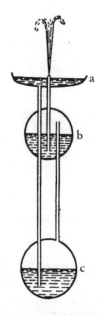

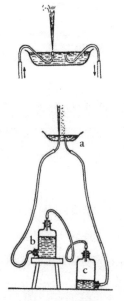

图54　老式希罗喷泉
　　　剖面图

图55　新式希罗喷泉剖面图
（上图为改装的碟状容器）

代，喷泉就是以这种方式运作的。

　　到了现代，一位意大利的物理教师因为学校实验室仪器匮乏，被迫发挥聪明才智，简化和修改了希罗喷泉的构造。制造这种新式喷泉的方法非常简单，每位读者都可以动手一试（图55）：用烧瓶代替球状容器，用橡胶管代替玻璃管或金属管。不需要在上方容器的底部穿孔，只要如图所示，将两根橡皮管的一端挂在容器的边缘就可以了。

　　改造之后的装置用起来会更加方便，因为当容器 b 里的水流尽，并通过 a 流进容器 c 时，我们只要简单地将 b 和 c 的位置互

131

换，喷泉就会再次开始喷水。但不要忘了把喷嘴装到另一条管子上。新式的喷泉还有一点非常方便，那就是我们可以随意改变容器的位置，来观察各个容器的水面之间的高度差对水流喷射高度的影响。

如果你想把水流喷射的高度增加数倍，只需要把装置下面的两个烧瓶中的水换成水银，把空气换成水就可以了（图56）。道理很简单：水银从容器 c 流进容器 b 时，会将容器 b 里的水挤出去，从而产生喷泉。众所周知，水银比水重13.5倍，通过计算我们就能得出喷泉的高度。分别用 h_1、h_2 和 h_3 来表示各个液面之间的高度差。现在我们来看看，容器 c 中的水银是受到了多大的压力从而流向容器 b。连接容器 c 和容器 b 的管子里的水银承受着两面的压力，右面承受的压力等于 h_2 汞柱的压力（13.5倍的 h_2 水柱的压力）与 h_1 水柱的压力之和，左面承受的压力等于 h_3 水柱的压力。所以，水银受到的压力等于 $13.5h_2 + h_1 - h_3$。因为 $h_3 - h_1 = h_2$，所以可以用 $-h_2$ 代替 $h_1 - h_3$，这个算式就变成了 $13.5h_2 - h_2 = 12.5h_2$。故可得出结论，容器 c 中的水银受到了 $12.5h_2$ 的压力从而流向容器 b。从理论上来说，水流喷射的高度应该等于两个烧瓶里的水银高度差的12.5倍，但由于摩擦力的作用，实际的高

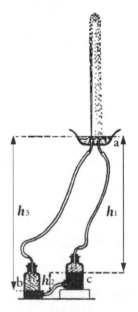

图56　在水银的压力作用下，喷泉的喷射高度大约等于两个烧瓶里水银液面高度差的十倍

度要略低一些。

即使是这样，这个装置依然能喷射出相当高的水柱。只需让两个烧瓶之间的高度差保持在1米左右，就能让水柱的高度达到10米。令人惊讶的是，通过计算我们可以得知，装有水银的容器与容器 a 之间的距离，并不影响水流的喷射高度。

可别喝不到

在17世纪和18世纪，有些贵族喜欢用一种极具科学趣味的玩具来捉弄别人，这种玩具的形状似壶又似杯，它的上半部分刻有花纹般的切口（图57）。贵族们把这个杯子灌满酒，然后拿给贫苦的客人，等着看他们出糗。那么，用壶形杯喝酒的时候会发生什么呢？只要杯子倾斜，酒就会从切口里流出来，一滴也流不

图57　18世纪时贵族用来愚弄贫民的酒杯

到嘴里。

但懂得其中奥秘的人，只要将 B 孔堵住，再用嘴吸壶嘴，就可以在不倾斜杯子的情况下把酒吸进嘴里。原来酒可以通过 E 孔顺着壶柄内的通道以及这条通道的延长部分 C 流到壶嘴里。

直到今天，一些苏联的厂家还在制造这样的杯子，我曾亲眼见过这种杯子，上面刻着两句话：

尽情享用吧！

可别喝不到！

倒扣的玻璃杯中的水有多重

你可能会说，当然是没有重量的，因为水会从杯子里流出去。但假如杯子里的水没有流出来呢？事实上，我们可以让水停留在倒扣的杯子里。图58向我们展示了这种情况。天平的一个托盘上系着一只倒扣的装满水的高脚杯，杯子里的水没有流出来，因为杯子的边缘浸在一个有水的容器里。天平另一端的托盘里放着一只一模一样的空高脚杯。那

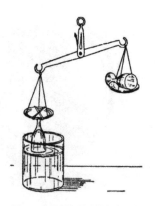

图58 称量倒扣的玻璃杯中的水

么，哪一个托盘更重一些呢？答案是系着倒扣的装满水的高脚杯的托盘更重一些。因为杯子上面承受着全部的大气压力，而杯子下面承受的大气压力要减去杯中所盛的水的重量。如果要让天平平衡，就必须把另一个托盘里的高脚杯装满水。由此可见，倒着放的杯子里的水的重量等同于正着放的杯子里的水的重量。

轮船为什么会相互吸引

1912年秋天，当时世界上最大的轮船"奥林匹克号"正在大海上航行，而另一艘体积比它小很多的巡洋舰"豪克号"正在距离它100米左右的地方疾驰，当两艘船行驶到图59所示的位置时，意想不到的事情发生了：巡洋舰"豪克号"突然偏离了航线，仿佛被一种无形的力量所控制，朝着"奥林匹克号"的方向冲了过来，无论舵手怎样扭转舵盘都无济于事。最后，巡洋舰"豪克号"的船头将"奥林匹克号"的船舷撞出一个大洞。海事法庭审理这桩奇怪的案件时，将"奥林匹克号"的船长判为过失方，因为当巡洋舰"豪克号"撞向"奥林匹克号"的时候，他没有下令避让。可见法院并没有看出这次事

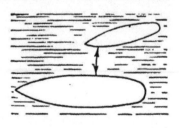

图59 "奥林匹克号"与巡洋舰"豪克号"
相撞的示意图

件的端倪，只是把事故归咎于船长的疏忽。事实上，这是一场无法躲避的意外，是船相互吸引的经典案例。

　　其他船并排行驶时，也发生过类似的事故，但当时发生事故的船只体积较小，无法产生足够大的吸引力。而现在的船只体积庞大，犹如在海洋上漂浮的城市，它们之间的吸引力就会变得非常明显。当海军舰队演习时，指挥官会特别重视这些情况，这种碰撞情况往往是在许多小船驶到大船附近时发生。

　　是什么原因导致了这种现象的发生呢？我们无法用牛顿的万有引力定律来解释这种现象，第四章中已经讲过，这种引力小到可以忽略不计。这种现象的发生另有原因，我们可以用流体

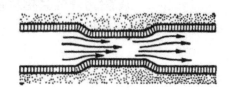

图60　在水沟的狭窄处，水的流速大，
对沟壁的压力小

在管道和沟渠的流动原理来做解释。伯努利原理已经证实，当液体在一条宽度有变化的沟渠中流动时，在狭窄的部分，液体的流速相对较快，对沟壁的压力较小；而在宽敞的部分，液体的流速会较慢，对沟壁的压力较大。

　　事实上，这个原理也能解释空气中发生的一种现象，这种现象通常被称作"空气静力学悖论"，也有人用发现这种现象的物理学家的名字为其命名，将它称作"克莱门特与德索米斯效应"。据说人们是在以下的场景中碰巧发现了这样的现象：在法国的一座矿场里，一名矿工接到指令，要用一块挡板遮住一个通风井的

出口，通常情况下，压缩空气就是从这里进入矿井。矿工与通风井中喷出的气流斗争了许久也无法将挡板盖上，但就在一瞬间，这块挡板竟然"砰"的一声自己合上了，要不是挡板足够大的话，那名受到惊吓的矿工也会被一起吸入通风井中。

顺便说一下，喷雾器的使用原理也可以用气流的这种特性来解释。当我们向横管 a 吹气时（图61），直管 b 里的空气压力就会相应地减小，因此直管 b 的上方就会产生压力较小的空气。这样一来，容器中的液体就会在大气压的作用下沿着直管冲上来，当液体到达管口的时候，就会遇到吹来的气流，变成雾状飘散在空气中。

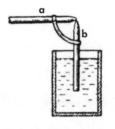

图61　喷雾器的工作原理

现在，我们就能理解为什么两船之间会发生相互吸引的现象了。当两船平行航行时，它们之间会产生一条水沟。通常情况下，沟壁是静止的，而水是流动的，但在这种情况下，水是静止的，而沟壁是流动的。但这种差异不会改变力的作用，在这条水沟的狭窄部分，水对沟壁施加的压力比对轮船周围空间施加的压力要小。换句话说，两艘轮船相对的内侧受到的压力比外侧受到的压力小。这会产生什么样的后果呢？船在外侧海水的压力下会相向运动，较

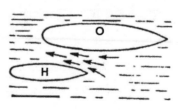

图62　两艘行驶的船之间的水流

小的船会移动得更多，较大的船则几乎没有移动。这就是为什么大船迅速驶过小船时会出现巨大吸引力。

我们因而可知，流水形成的引力是船之间相互吸引的原因。这也解释了在湍流和旋涡中游泳的危险性。我们可以计算出，水流均速为1米/秒时，人体承受的引力为30千克。这样强大的力是很难抵抗的，尤其当人在水中时，仅靠自身的重量完全无法维持平衡。此外，飞速前进的火车也会产生吸引力，我们同样可以用伯努利原理来解释这个现象，当火车以50千米/小时的速度疾驰时，会对车旁的人产生大约8千克的引力。

生活中常常可见与伯努利原理有关的现象，但大众对此知之甚少。所以我认为有必要细致地阐述一番这个原理，下文是富兰克林教授在一本科普杂志上刊登的有关这个主题的文章，我略做摘录，以供读者们参考。

伯努利原理及其效应

1726年，丹尼尔·伯努利最先提出了一条原理：当水流和气流的流速很小时，压力就会很大，反之亦然。当然，这条原理有一些限制条件，但我们暂且不做讨论。

图63为我们直观地展示了这条原理的内容。

将空气鼓入导管 AB 内，空气的流速在较窄的 a 处比较大，在较宽的 b 处比较小。流速快的地方压力比较小，流速慢的地方

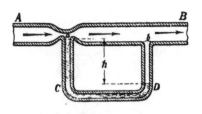

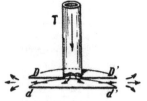

图63　伯努利原理示意图（导管 AB 较窄的
　　　a 处比较宽的 b 处空气压力小）

图64　圆盘实验

压力比较大。由于 a 处的空气压力比较小，导管 C 中的液体便向上升，与此同时，由于 b 处的空气压力比较大，导管 D 中的液体便向下降。

　　图64展示的是一个实验的装置：圆盘 DD' 连接着管 T，空气从管 T 进入，跟不相连的圆盘 dd' 发生摩擦（为了简化实验，我们可以拿用过的线轴和纸盘作为道具，用别针来固定它们的位置）。两个圆盘之间形成的气流流速非常快，而这股气流越是向圆盘周边扩散，流速就变得越慢，这是因为它的横截面在增大，惯性在减小。圆盘周围的气流的速度很小，所以压力很大；圆盘之间的气流速度很大，所以压力很小。由此可知，气流从管 T 出来时的流速越快，圆盘周围的空气迫使圆盘向彼此靠近的力就越大。

　　图65展示的实验与图64的实验非常相似，只是它需要用到水作为道具：当圆盘 DD' 上面快速流动的水与圆盘翘起的边缘平齐时，圆盘里原本较低的水面高度就会上升至水箱的水面高度。这样一来，圆盘下的静水面的压力就比圆盘上的动水面的压力要大，结果圆盘就会上升。

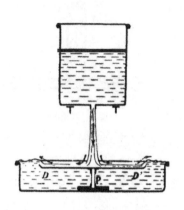

图65 当水流到圆盘 *DD'* 上时，
轴 P 连接的圆盘会上升

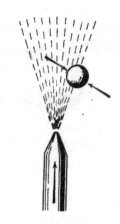

图66 气流中飘浮的小球

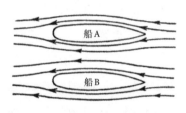

图67 两艘并行的船会相互吸引

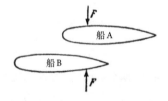

图68 两船一前一后向前行驶，
船 B 会突然变向，撞向船 A

图66向我们展示的是一个飘浮在气流中的小球。由于气流的冲击力，小球不会从空中掉下来。如果小球弹出气流，周围的空气——流速较慢，压力较大——会把它送回气流中。

图67中描绘的两艘船或是在平静的水中并列航行，或是在流动的水中并列停泊——这两种情况是一样的。两船之间较窄处的水流速度大于两船外侧的水流速度。因此两船内侧的水压小于

140

两船外侧的水压，结果就是两艘船在外侧水压的作用下靠拢在一起——海员们常常看到这种现象。

图68描绘了一个后果更加严重的情况，如果两艘船并排行驶，有一艘船比另一艘船稍快一些。两船外侧的力 F 就能让船身改变方向，船 B 转向船 A 的力就会变得更大。在这样的情况下，船根本来不及改变航向，撞船事故将无可避免。

为了更加直观地了解图67中描述的情况，我们可以参考图69来做一个小实验：把两个质量较轻的橡胶球悬挂起来，朝着两个球的中间吹气，你会发现，两个橡胶球会彼此靠近，直到撞在一起。

图69　向两个气球中间吹气，气球会撞到一起

鱼鳔的作用

对鱼来说，鱼鳔起到什么样的作用呢？人们通常认为，当鱼想要从水底浮上水面时，就会鼓起鱼鳔，增加鱼身的体积，使排开的水的重量超过自身的重量，在浮力的作用下，鱼就会上升到水面。当鱼不想再上升，或者想下沉到水底时，那它就会缩紧鱼鳔，减少鱼身的体积和排开的水的重量，根据浮力定律，它会再次下沉到水底，人们关于鱼鳔的这种笼统的概念可以追溯到17世纪——1685年，佛罗伦萨科学院的伯雷利教授首次提出了这

一理论。在此后的200多年中，没有人对此抱有怀疑，因此它被写入了每一本教科书中。直到最近，科学家们经过研究调查后发现，这个理论完全不成立。

鱼鳔无疑可以帮助鱼在水中浮沉，被切除鱼鳔的鱼只有拼命地摆动鱼鳍才能在水面上漂浮，一旦鱼鳍停止摆动，它就会像一颗石头一样沉到水底。

那么鱼鳔真正的作用是什么呢？事实上，它的作用非常有限，它只能帮助鱼停留在一定的深度，在这个深度的水里，鱼排开的水的重量与它本身的重量相等。当鱼摆动鱼鳍让自身下沉到更深的地方时，周围强大的水压就会压缩鱼身及鱼鳔，这时，鱼排出的水的重量就会小于它本身的重量，因此鱼开始下沉，它下沉的深度越深，承受的水压就越大，每下沉10米，水的压力就增加一个大气压，鱼的身体就会被压缩得越来越小，下沉的速度也就越来越快。

当鱼脱离平衡状态，摆动鱼鳍向上游动时，也会出现同样的现象，只不过方向是相反的。这时周围的水压减小，鱼鳔膨胀了起来（之前鱼鳔里的气压与周围的水压是均衡的），鱼的体积增加，因此开始向上浮动。鱼上浮的高度越高，鱼身的体积就膨胀得越大，上升的速度也就越快。鱼无法通过"压缩鱼鳔"的方式来实现沉浮，因为鱼鳔壁没有肌肉组织。

我们可以通过以下的实验（图70）证明，鱼是通过被动的方式扩大和缩小身体体积的。我们把一条用氯仿麻醉过的鲤鱼放入一个装满水的密封容器里，让容器内保持和天然水池一定深度的压力相近的高压。这时，鱼会翻着肚皮一动不动地漂在水面上。如果我们把它稍稍按到水中，它会再次浮上水面。如果我们把它按到靠近容器底部的位置，它就会沉到水底，但如果我们将它按到这两个位置的中间，它就可以保持一个平衡的状态，既不会下沉，也不会上浮。回想一下刚刚讲过的鱼鳔的被动胀缩，你就会明白这是怎么一回事了。

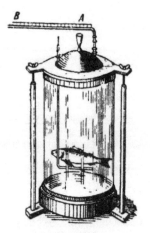

图70　鲤鱼实验

　　因此，和人们普遍持有的认知相反，鱼不能自由地胀缩自己的鱼鳔，鱼的体积只能随着外部压力的增减而被动地发生变化——这也符合玻意耳－马略特定律。事实上，这种体积的变化会对鱼造成伤害，因为它会迫使鱼以越来越快的速度上浮或下沉，换句话说，只有在鱼一动不动的情况下，鱼鳔才能维持鱼的平衡，而这种平衡是不稳定的。渔夫观察到的情况印证了我们的观点：他们在深水中捕鱼时，常常看到鱼从鱼钩或渔网挣脱，但这些鱼并没有潜回到深水中，而是会飞快地浮上水面，有些鱼的鱼鳔甚至从嘴里凸了出来。

　　这就是鱼鳔真正的作用，不过我们探讨的是鱼鳔在鱼上浮和下沉的过程中起到的作用，除此之外，鱼鳔是否还有其他作用呢？其实到目前为止，我们对鱼鳔的功能仍然知之甚少，只对它在流体静力学方面发挥的作用做出了合理的解释。

波浪与旋涡

很多时候，我们无法用基础的物理学定律来解释生活中常见的现象，即使是刮风的时候海面上出现的波涛海浪，也无法在物理教科书中找到合理的解释。为什么轮船驶过平静的海面时会掀起波浪？为什么刮风的时候旗帜会飘扬？为什么海滩上的细沙呈现波浪的形状？为什么烟囱里冒的烟是团状的？

要解释所有这类现象，我们必须了解液体和气体的涡流运动具备的特性。由于学校的教科书中几乎没有讲过涡流运动，所以我们会在这里多谈一谈它的主要特点。

假设有一种液体在管道里流动，当液体里的所有微粒在管道里平行移动时，就产生了最简单的液体运动形式——平静流动，物理学家又称之为"层流"。不过平静流动并不常见，更为常见的状态是不平静流动。当涡流从管壁流向管轴，就会产生涡流运动，它又被称作"湍流运动"，日常生活中常见的水管里的水就是这样流动的——但细管除外，细管里的水是层流的。假如液体在一定直径的管道里达到了一定数值的流速，也就是说达到了临界速度，它就会产生涡流（对一定的液体来说，临界速度与它的黏稠度成正比，与它的密度和它所流经的管道的直径成反比）。

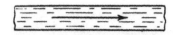
图71　液体在管道中平静地流动

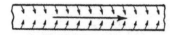
图72　液体在管道中不平静地流动

　　如果我们把石松粉之类的粉末放入在玻璃管里流动的透明液体中，我们就能清楚地观察到液体从管壁向管轴流动时产生的涡流。

　　涡流的这一特性被应用于冰箱和冰柜的制造。在管壁冷却的管道里，以涡流的形式流动的液体会比以其他形式流动的液体更快地使其微粒与冷却的管壁接触。我们需要知道，液体本身是热的不良导体，如果我们不加以搅拌，液体的冷却和升温速度是非常缓慢的。正是因为血液在血管里的流动方式是涡流而非层流，血液才能与身体组织高效地交换热量和物质。

　　在露天的沟渠和河道里流动的水也与上述情况完全相符。在沟渠和河里，水以涡流的形式流动。当我们精确测量河水的流速时，仪器能够检测出一种脉动现象，尤其是在靠近河底的位置。这表明水流的方向在不断发生变化，或者说，河水的流动方式是涡流。河水的微粒除了像我们预想的一样沿着河道流动，还会从河岸流向河中央。所以，"河流深处的水全年保持在4摄氏度"的说法是错误的，河底的水与其他地方的水搅在一起，它的温度和河面的水温相同。不过请读者们注意，湖水的情况并不是这样。

　　河底的涡流会带动轻盈的细沙，在河底显现出"沙波"。被浪潮冲刷的河岸上也能看到同样的景象（图73）。假如河底附近的

145

图73　在涡流的作用下，
河岸上形成沙波

图74　水中的涡流带动绳子
弯曲成蛇形

水以层流的方式流动，那么河底的沙面一定是十分平滑的。

由此可见，当物体浸入河水中，它的表面会受到涡流作用。我们可以用一条绳子来做个实验。将绳子的一端紧紧绑住，另一端掷进水里自由漂浮。当我们将绳子放入水里，它就会沿着水流方向弯成一条曲线。为什么会产生这样的现象呢？因为如果绳子的其中一段附近存在涡流，这段绳子就会被涡流带动，过了一会儿，另一个涡流出现，它会带着绳子向相反的方向运动，在这些涡流的带动下，绳子就会弯曲成蛇形（图74）。

图75　沙漠的波纹

现在让我们把话题从液体转向气体，从水转向空气。读者们肯定都见过地上的灰尘、稻草被旋风卷到空中的景象。这表明地上出现了空气涡流。如果空气涡流出现在水面上，那么水面上就会泛起波浪和涟漪，这是因为产生涡流的地方大气压较低。沙漠和沙丘的斜坡上会出现沙波（图75），

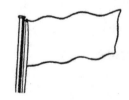

图76　风中飘扬的旗帜

146

也是因为同样的原因。

现在我们就能明白为什么旗帜会在风中飘扬（图76），这与绳子在水中弯曲是一样的道理。风中的风向标无法指向一个固定的方向，而是在空气涡流的带动下不停地旋转。工业炉中产生的气体以涡流的形式冒出烟囱，在惯性的作用下，它们还会在一段时间内持续这样的状态（图77）。

图77 从工厂烟囱里冒出的一团团的烟

空气的涡流运动为飞机带来了很大的影响。飞机机翼之所以被设计成这种形状，是为了增补机翼下方稀薄的空气，加强机翼上方的涡流运动，使机翼能够从上方获得吸力，从下方获得浮力，如图78所示。鸟类振翅翱翔时，情况也与此相同。

当风吹过屋顶的时候，会产生怎样的现象呢？空气的涡流运动导致屋顶上方的区域空气稀薄，屋顶下方的空气为了平衡这种压力就会向上胀，最终将屋顶胀开。所以我们时常会看到，有些松散的屋顶会被大风吹走。同理，在狂风肆虐的日子里，一些商铺的大窗户会受到内部的压力而胀裂（不是被外部的压力所击碎）。

我们还可以用"流动的空气具有较小的气压"（见《伯努利原理及其效应》一节）这一说法来解释这些现象。当温度和湿度都不相同的两个气团擦身而过，每个气团都会产生涡流，这就是每

147

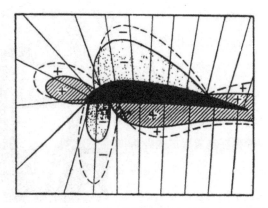

图78　机翼受力示意图 [实验证明，机翼表面的空气高压区（＋）和低压区（－）
如图分布（实线表示压力分布，虚线表示飞机提速时的压力分布）]

朵云彩都呈现不同的形状的原因。

　　以上所讲的全都是为了向读者们表明，我们的生活中有这么
多的现象都与涡流运动有关。

地心之旅

　　地球的半径大约是6400千米（成书年代数据），然而还没
有人到达过地表3.3千米以下的地方，人类还要走上很长的一段
路才能抵达地心。不过，我们伟大的科幻小说家儒勒·凡尔纳用
他天马行空的想象力将古怪的教授利登布洛克和他的侄子阿克塞
尔送到了地心。他在小说《地心游记》里生动形象地描述了这次
惊心动魄的探险之旅。教授和他的侄子不得不应对许多意想不到

的困难，空气密度的增加只是其中之一。我们都知道，高度越高，空气就越稀薄，当高度依照算术级数增加时，空气密度按照几何级数减小。反之，在海平面以下的地方，深度越深，空气承受的上层空气的压力就越大，空气密度也就相应地增加，教授和他的侄子自然注意到了这一点，以下是他们在到达地下12里格（地下48千米）时，进行的一段对话：

"现在，"他（教授）继续说道，"快查查气压计，它标识的值是多少？"

"气压值相当高。"

"好，你看，我们缓慢地下降，身体就能习惯这个密度的空气，我们一点儿也没有遭罪。"

"是没有，除了耳朵有点疼。"我恹恹地答道。

"哦，我的孩子！这根本不算什么！"

"好吧，"我下定决心不再跟叔叔顶嘴，"进入密度这么高的空气里一定十分有趣。您有注意到声音扩散的强度有多强吗？"

"当然了。聋子来了也能听到声响。"

"不过，叔叔，"我尝试着观察周围的一切，"密度会继续增加吗？到后来，空气的密度会和水的密度相等吗？"

"肯定会的，在710个大气压下就会变成这样。"

"那再往下呢？"我紧张地问道。

"再往下，空气密度还会继续增加。"

"那我们怎么能穿过密度这么高的空气继续下降呢？"

"我的侄子，那就在口袋里塞点小石头吧。"

"叔叔，你真是无所不知啊！"我乖乖地闭上了嘴。

我不敢再提出别的假设，我怕会提出一些很难成立或者根本不可能成立的假设，惹教授生气。

然而，在数千个大气压的压力下，空气最终转化为固态是显而易见的事实。就算身体能够扛住这样的压力，我们也只能停止前进，不管世上有多少论据，事实胜过一切争辩。

想象与数学

假如我们研究一下小说中的这段对话，就会发现这个情节是立不住脚的。我们不必亲自去地心检验，只需要一支笔和一张纸就能将一切搞个明白。

首先让我们来计算一下，如果气压增加1‰，下降的深度是多少。我们知道，1个大气压等于760毫米汞柱。如果我们置身于水银中，那么只需要下降0.76毫米就可以增加1‰的气压；如果我们置身于空气中，就要下降更深的深度，因为空气的密度比水银的密度轻许多倍，准确地说，是10500倍。所以，如果我们想要增加1‰个大气压，下降的深度就应该是10500×0.76毫米，大约是8米。也就是说每下降8米，气压就会增加1‰（将每8米看作一个空气层，在下降的过程中，每一层的空气密度都比前一层大，所以每一层气压的绝对增长值都比前一层高）。这样看来，无论我们是在珠穆朗玛峰的峰顶（约9千米），还是在海平面附近，只要想让气压增加1‰，就必须下降8米。从下面的这些数据中我们能看出气压是如何随着深度的增加而增加的：

在地面上，正常气压等于760毫米汞柱

在地下8米深处，气压等于正常气压的1.001倍

在地下2×8米深处，气压等于正常气压的1.001^2倍

在地下3×8米深处，气压等于正常气压的1.001^3倍

在地下4×8米深处，气压等于正常气压的1.001^4倍

所以，在$n \times 8$米深处，大气压力等于正常压力的1.001^n倍。根据玻意耳－马略特定律，当压力不是很大的时候，空气密度将按照相同的倍数增加。

儒勒·凡尔纳在小说中告诉我们，教授和他的侄子只下降到了地表下48千米的深处，所以我们可以忽略重力的减小以及因为重力减小而产生的空气重量的减小。那么儒勒·凡尔纳笔下的地心旅行者们在48千米（48000米）深处承受了多大的压力呢？不难算出$n = 48000 \div 8 = 6000$。难的是算出1.001^{6000}的数值，这可真是一项乏味又费时的任务，因此我们需要求助于对数。伟大的法国天文学家拉普拉斯曾说过，对数"缩短了计算时间，延长了天文学家的寿命"（任何一个不喜欢对数的人，在读

了拉普拉斯的这段话之后都有可能会改变主意，"对数的发明将几个月的计算量减少到了几天，将天文学家的寿命翻了一番，使他们免于长时间计算带来的谬误和疲劳。人类应当为这一成就感到自豪，更重要的是，这一成就完全来自人类的思维。在技术方面，人类总是利用自然中的物质和力量来强化自身。然而对数完全是人类思维的产物"）。

通过对数计算，我们可得：$\log x=6000 \times \log 1.001=6000 \times 0.00043=2.6$。将对数2.6代入计算，我们得出 x 等于400。

因此，在地表以下48千米深的地方，大气压力是正常气压的400倍。实验表明，在如此巨大的气压下，空气密度会增加315倍。在这种情况下，我们很难相信小说里的主人公说的他只是耳朵有点疼。《地心游记》中还写了，主人公下降到了地表以下120千米，甚至325千米深处。在这样的深度下，大气压力高得让人难以想象。要知道，人类最多只能承受4个大气压力。

我们可以用同样的公式计算出下降到多深的地方，空气的密度和水的密度达到一致，也就是达到原先密度的770倍。我们得到的结果是53千米。事实上，这个结果并不正确，因为在高压作用下，气体的密度不再与压力成正比。玻意耳－马略特定律只适用于压力不超过几百个大气压的情况。这里有一组通过实验得到的空气密度数据：

大气压	密度
200	190
400	315
600	387
1500	531
1800	540
2100	564

如我们所见，密度增加的幅度远远低于压力增加的幅度。小说里的教授认为，当达到一定的深度后，空气的密度将大于水。然而，这种情况是不会发生的，因为空气只有在3000个大气压下才会变得像水一样稠密，超过这个压力之后，它就不会被再次压缩了。此外，仅靠加压无法将空气凝结为固态，还需要用−146摄氏度以下的低温将空气"冻结"。

不过为了公平起见，我要声明一点，在儒勒·凡尔纳的小说出版之前，我们所说的这些理论还没有被科学家们发现。作者的确不应该受到苛责，但故事中的失真之处应该接受评判。

让我们再用上面的公式来计算一下，人类能到达的极限深度是多少。如果普通人能够承受的气压极限是3个大气压，用 x 来表示人类能达到的极限深度，得到方程：$1.001^{\frac{x}{8}}=3$。用对数可以计算出，$x=8.9$ 千米。

由此可见，几乎所有人都可以毫发无损地下降到9千米左右的深度。如果有一天太平洋的海水干涸了，那我们就可以搬到海床上居住。

在幽深的矿井中

谁曾经到过距离地心最近的地方呢？不考虑科幻小说中杜撰的人物，在现实生活中，答案一定是矿工。众所周知（请参阅第四章），世界上最深的矿井在南非，其深度超过3千米——这里指的是人类到达的深度，因为钻探工具到达的深度已超过7.5千米。以下是法国作家卢克·杜尔登博士在参观了莫罗·威尔赫矿井（约2.3千米深）之后所做的描述：

大名鼎鼎的莫罗·威尔赫矿井距离里约热内卢约400千米。在乘坐16小时火车穿越岩石地带后，你会下降到一片四面环林的深谷。这里有一家开采黄金的英国公司，过去从未有人到达过这样深的地方。

倾斜的矿层向深处延伸，沿着矿层搭建的矿井分为6段，竖直的叫竖井，水平的叫巷道。为了寻找黄金，人们满负雄心壮志地向地球深处采掘，企图在地壳里挖出最深的矿井，这也反映了现代社会的一个极大的特点。

一定不要忘了穿上帆布工装裤和皮质工衣。在矿井中要时刻小心，因为就算是一块很小的石头落到矿井里，也会让你受伤。在一位工长的陪伴下，你会进入第一个巷道，这个巷道光线充足，但里面刮着4摄氏度的寒风，这是为了降低矿井深处的温度而鼓进的冷气，身处其中的你会被冻得瑟瑟发抖。

乘着狭窄的铁吊笼通过深700米的第一个竖井之后，你就会来到第二个巷道。在第二个竖井里继续下降，空气会变得越来越暖和。此时你的位置已经在海平面以下了。

到了第三个竖井中，空气热得仿佛能灼伤你的脸。你在低矮的拱形巷道中蜷着身子，抹着汗水，朝着钻井机轰鸣的方向爬去。这里面有许多赤着身子的矿工在飞扬的尘土里工作，他们汗流浃背，手里不停地递着水瓶。你千万不要去碰那些刚刚挖下来的矿石碎片，因为它们足有57摄氏度。

矿工们辛辛苦苦地工作，每天能挖出多少黄金呢？答案是每天只能挖出10千克左右的黄金。

在描写矿井深处的恶劣环境和工人受到的残酷剥削时，这位法国作家只描述了极高的温度，却对增大的空气压力只字未提。那么让我们来计算一下，在2300米的深处，空气压力会有多大。假如那里的温度和地表的温度保持一致，那么按照我们熟悉的公式来计算，那里的空气密度是正常空气密度的 $1.001^{\frac{2300}{8}} = 1.33$ 倍。

在现实中，地表以下2300米的温度比地面的温度要高。而空气的温度越高，密度就越小，所以矿井深处的空气密度与地面上的空气密度没有太大的差异，这和炎热夏季的空气密度与寒冷冬季的空气密度之间的差异差不多。这就是参观者不会注意到矿井中气压变化的原因。

不过，空气温度会对深井造成很大影响，如果矿井中的温度过高，工人会难以在井中停留。南非的约翰内斯堡附近有一个深

2553米的矿井，在温度达到50摄氏度时，湿度达到了100%。为了解决这个问题，我们要在矿井中安装空调装置，这种装置可以达到2000吨冰的制冷效果。

平流层气球

在前面的几节中，我们凭借想象力对地球深处的情况做了一番研究，得到了一个表示压力与深度关系的公式。现在让我们回到地表以上，还是用这个公式，来计算一下高海拔地区的大气压力是如何变化的。当然，在计算之前我们需要改写一下这个公式：$P=0.999^{\frac{h}{8}}$。

在这里，P 代表大气压强，h 代表高度（计量单位为米）。底数部分的1.001换成了0.999，因为高度每升高8米，气压就会降低而不是增加0.001。

首先，让我们来计算一下，上升到多高的高度，气压才会减半。

我们将 $P=0.5$ 代入公式内：$0.5=0.999^{\frac{h}{8}}$，就可以求得高度 h。

熟悉对数的人很容易就能解出来。答案是 $h=5.6$ 千米。

那么，让我们继续向上攀升，追寻勇敢的苏联探险家的脚步——他们分别到达了19千米和22千米的高空，这两个高度已经属于所谓的平流层。普通的气球无法上升到这样的高度，因此我们需要特制的平流层气球。在1933年和1934年，苏联制造的平流层气球——"苏联号"与"奥索维亚金1号"——分别创造了19千米和22千米的气球上升高度世界纪录。现在让我们来计算一下，在这样的高空中气压有多大。在19千米的高度，气压应为 $0.999^{\frac{19000}{8}}=0.095$ 大气压 $=72$ 毫米汞柱；在22千米的高度，气压应为 $0.999^{\frac{22000}{8}}=0.066$ 大气压 $=50$ 毫米汞柱。

但是对比实际的记录我们会发现，在19千米的高度，气压为50毫米汞柱；在22千米的高度，气压为45毫米汞柱。我们是从哪里开始搞错了呢？

玻意耳－马略特定律用在这里并没有错，但我们错以为空气的温度在整个过程中是不变的。事实上，随着高度的增加，空气的温度有明显的下降。平均每升高1千米，温度就会下降6.5摄氏度。当上升到11千米时，温度就会保持在 −56摄氏度，即使高度再继续上升一大段，空气的温度也不会再降低。如果我们将这些因素全部考虑在内（但初等数学无法解决这些问题），那么就能得到更加接近真实情况的结果。也正是因为同样的原因，前文中计算的矿井深处的气压，也只能被看作近似值。

第六章

液体和气体的特性

7

第七章

热现象

扇子

　　当女士们轻摇罗扇时，自然而然会感觉到一阵凉爽。有人可能会认为，她们摇扇的动作没有对在场的其他人造成任何坏处，这些人还要感谢她们送来阵阵微风。但事实当真如此吗？

　　为什么我们在扇风时会感到凉爽呢？原来，靠近我们脸部的空气遇热后，会变成一层无形的面罩，使脸部升温，换句话说，这层空气面罩会影响脸部的散热速度。当周围的空气静止不动时，贴在我们脸上的热气会被沉在下方的冷气缓缓地向上推。当我们用扇子将热气扇走后，冷气就会源源不断地接触我们的脸部并带走脸部的热量。我们就是通过这样的方式来降温的。

　　所以，当女士们摇扇时，没有受热的冷气会不断地取代贴在脸上的热气，当接触脸部的冷气变暖后，又有新的冷气取而代之。

　　可见摇扇的动作加速了空气的流动，使整个房间的温度更加均衡。换言之，摇扇的人在利用别人周围的冷气让自己降温。

　　扇子在另一种情况下还会有不同的作用，我将在下一节中说明。

为什么风会让我们感觉更冷

众所周知，有风的天气比无风的天气更让人感到寒冷，但其中的原因鲜为人知。事实上，刮风的时候只有生物才会感觉更冷，而温度计的读数不会下降。人们之所以会在大风凛冽的天气里感到凄寒，是因为在有风时脸部，继而是身体的散热速度比无风时要快得多。在无风状态下，被身体温暖的那层空气不会如此迅速地被冷空气替代，然而随着风力增强，每一分钟流过皮肤的空气量会增加，相应地，每一分钟从身上带走的热量就会增加。单是这一点，就足够让我们感到寒冷了。

但除此之外还有另一个原因。我们的皮肤每时每刻都在蒸发水分，即使在寒冷的空气内也是如此。蒸发需要吸收热量，因此我们身体上的热量以及贴在我们身上的空气的热量就会转化为蒸发水分所需要的热量。如果空气是静止的，蒸发就会非常缓慢，因为贴在皮肤上的那层空气中的水蒸气会很快饱和，但如果空气是流动的，贴近皮肤的空气在不停地循环，那么蒸发效率就会大大增加，我们身上的热量就会被大量地消耗。

那么，风的冷却作用有多大呢？这取决于风的速度和空气的温度。通常情况下，它的作用远远超过我们的想象。让我们举个例子来说明风对于降低人体皮肤温度的作用。假设空气的温度为4摄氏度，在无风的情况下，人体皮肤温度为31摄氏度。若是吹来一阵只能勉强拂动旗帜和树叶的微风（风速为2米／秒），皮肤温度会降低7摄氏度；若是吹来的风能使旗帜飘扬（风速为6米／秒），皮肤温度就会降低22摄氏度，也就是说，人体皮肤温度会降至9摄氏度。

因此，人所感受的寒冷程度不能仅仅根据温度来判断，还要考虑到风速。当圣彼得堡与莫斯科的气温都在0摄氏度时，人们会觉得圣彼得堡更冷一些，这是因为波罗的海沿岸的平均风速是6米/秒，而莫斯科的平均风速只有4.5米/秒。相比前面两地，有些地方的0摄氏度气温给人的感觉更容易忍受，只要平均风速都比前两地小。东西伯利亚的寒冷人尽皆知，但那里的天气不像习惯了被狂风劲吹的欧洲人所想象的那样严酷。因为东西伯利亚几乎不会刮风，尤其是在冬季。

沙漠里的热风

读完上面的内容，读者可能会问："既然风在炎热的日子里会给我们送来凉爽，那为什么旅行者们都说沙漠里刮的都是热风呢？"之所以会有这样的矛盾，是因为热带沙漠地区的空气通常比我们的身体更加温暖，在这种情况下，空气没有夺走人体的热量，反而将热量传递给了人体。因此，身体每分钟接触的空气越多，就会感觉越热。尽管风会增强蒸发作用，但人体散发的热量远低于空气传递给人体的热量。这就是沙漠里的人要穿长袍、戴皮帽的原因。

面纱可以保暖吗

这是我们在日常生活中碰到的又一个物理学问题。女士们相信面纱可以保暖，不戴面纱就会感到寒冷。但男士们认为，面纱如此轻薄，上面还有大大的网眼，保暖的说法只是女士们的心理作用。

如果你回想一下前面的内容，就会认为女士们的看法不无道理。尽管面纱上的网眼很大，空气穿透面纱的速度总归会慢一些，靠近脸部的空气在遇热后会变成一层面罩，而面纱可以阻止这层温暖的面罩被风吹走。所以我们完全有理由相信女士们所说的话：在零下几摄氏度的微风天气出门时，面纱能让脸部更加暖和。

制冷罐

也许你没有见过这种罐子，但你可能听说过或读到过相关的介绍。它是一种未经烧制的黏土容器，可以使容器中盛放的液体具有较低的温度。这种罐子在有些国家非常常见，西班牙人称它为"阿卡拉查"，埃及人称它为"戈乌拉"，除此之外它在不同国家还有许多不同的名字。

这种罐子的制冷原理非常简单：灌入罐子里的水会从黏土壁渗透出来，水慢慢蒸发，从罐子和罐子里的液体中带走热量，使之降低温度。

然而这种罐子的制冷效果并不像某些在这些国家旅行的人描

163

述的那样夸张，它是有条件限制的。首先是空气的温度，周围的空气越热，从罐壁渗透出的水分蒸发的速度会越快，容器内的水也就越凉。其次是空气的湿度，周围的空气越潮湿，蒸发的速度就越慢，罐子制冷的效果就越差。相反地，周围的空气越干燥，蒸发的速度就越快，罐子制冷的效果就越好。最后是风的作用，风可以加速蒸发，从而增强冷却效果。这就是为什么在炎热而有风的日子里，人们穿着湿衣服就会感到凉爽。制冷罐最多能使温度下降5摄氏度。在南方炽热的天气里，空气温度有时会达到33摄氏度，这时制冷罐里的水温是28摄氏度。这样看来，这种罐子的制冷效果并不理想，但其实它最主要的作用不是降低水温，而是保持冷水的温度。

我们可以尝试计算一下制冷罐的制冷效果。假设罐子的容积是5升，而罐子里已经有0.1升的水蒸发了。在33摄氏度的大热天，每蒸发1升（1千克）水，大约需要消耗580卡路里的热量。已知罐子里的水蒸发了0.1升，那么它消耗的热量就是58卡路里。如果蒸发消耗的热量全部来自罐子里的水，那么罐子里的水温就会降低12摄氏度，但蒸发消耗的热量主要来自罐壁和罐子周围的空气。此外，罐子里的水在冷却的同时，罐子外的热空气仍然会把热量向罐子里传递，所以罐子里的水温只能降低我们预估的一半，也就是5摄氏度左右。

很难说制冷罐在太阳下的制冷效果更好，还是在阴凉处的制冷效果更好。虽然太阳的热量会加速蒸发，但流入罐子的热量也在增加。依我看，最佳方案是把制冷罐放在阴凉的通风处。

不用冰的冷柜

人们利用蒸发制冷的原理制造出了一种不用冰的冷柜来保存食物，这种冷柜的构造非常简单，它的整体是一个木箱（最好是镀锌的铁箱），箱子里有一个存放食物的架子，箱子顶上有一个盛有冷水的高高的容器；准备一块粗布，将它的一端浸在容器里，然后让粗布顺着冷柜的后壁向下垂，让它的另一端落在冷柜下面的另一个容器里。当粗布的上端浸湿之后，水分会像通过灯芯一样润湿整条粗布，然后慢慢蒸发，这样一来，冷柜的各个部分的温度都会降低。这个冷柜应该放在房间里最凉爽的地方，并且每天晚上更换冷水，以使它在夜里变得更凉。当然，盛水的容器和吸水的粗布必须保持干净，这一点不能忘记。

人类能承受的高温极限

人类的耐热能力其实远超我们的想象。在部分热带地区生活的人能够忍受的温度远远高于在温带地区生活的人。在澳大利亚中部，每到盛夏，阴凉处的温度常常会升到46摄氏度，有时甚至能达到55摄氏度。轮船从红海驶入波斯湾时，虽然船舱保持通风，但舱内温度仍然会达到50摄氏度。

自然界中观测到的最高温度是57摄氏度，这一温度出现在加利福尼亚的"死亡谷"。在苏联最热的地方，最高温度从未超过50摄氏度。

你可能已经猜到，上面所说的温度都是在阴凉处测量出的。因为温度计只有在阴凉处才能显示出正确的气温，如果我们将温度计放在阳光下，炙热的阳光会使温度计的温度上升，它显示出的温度就会高于周围的气温，简而言之，在阳光下测量的温度是不具备参考性的。

已经有人通过实验测出了人类所能承受的高温极限。在干燥的空气中，当人体周围的温度以缓慢的速度升高，人可以忍受高于沸点（100摄氏度）的温度，甚至最高可以忍受160摄氏度的温度。英国物理学家布拉格顿和钦特里为了实验，曾在烧热的烘焙炉里停留了数小时。廷德尔也曾说："即使到了气温足以煮熟鸡蛋、煎炸牛排的地方，人也不会有什么大碍。"

这是为什么呢？事实上，我们的身体无法承受如此高的温度，不过在高温的环境下，身体仍然可以保持接近正常数值的体温。这是因为身体会通过大量排汗来抵御高温，这些汗液从靠近皮肤的气层中吸收了大部分的热量，从而大大降低了这层空气的温度。不过人体要忍受高温必须满足一个重要的条件：不能直接接触热源且空气要保持绝对干燥。

曾到过中亚地区和圣彼得堡的人会发现，中亚地区37摄氏度的高温天气比圣彼得堡24摄氏度的湿热天气更容易忍受。因为圣彼得堡的空气非常潮湿，而中亚地区由于降水稀少所以空气非常干燥。

温度计或是气压计？

曾经有个叫西蒙的人对洗澡这件事百般不愿意，他解释道："我在浴盆里插了一个气压计，气压计的读数告诉我们，一场暴风雨马上就要来了。"

可别以为区分气压计和温度计是件简单的事情。有一些温度计，准确地说应该叫测温计，可以完全当作气压计使用，反之，有些气压计也可以当作温度计使用。希罗发明的测温计就是这样一种既可以当作温度计，又可以当作气压计的仪器（图79）。我们拿这个仪器来做一个实验。当我们把它放在温暖的阳光下，球体上部的空气受热膨胀，将水从曲管向外挤压，受到挤压的水会流到曲管另一端的漏斗中，接着从漏斗流入仪器底部的箱体里。相反地，在寒冷的天气里，球体上部的空气压力变小，在外界空气压力的作用下，箱体里的水就会顺着管子回到球体中。

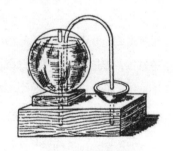

图79 希罗的测温器

这个仪器也会对气压的变化做出反应。当外部气压降低时，球体中压力较高的空气就会膨胀，从而迫使水沿着曲管流入漏斗；当外部气压升高时，箱体里的水会受到挤压流入球体。温度每升高或降低1摄氏度，球体内部的空气体积都会发生相应的变化。这和气压计汞柱升降 $\frac{760}{273} \approx 2.5$ 毫米时，空气体积发生的变化相同。在莫斯科，气压升降的幅度超过20毫米，这相当于希罗的测温计上出现8摄氏度的变化。这意味着，我们会将气压降低20毫米汞柱误认为是温度上升了8摄氏度。

这下你就明白了，为什么这个古老的温度计可以当作气压计来使用。在市面上曾经出现过一种水力气压计，它也可以当作温度计使用，不过无论是卖家还是买家都没有考虑过这个用途。

煤油灯的玻璃罩有什么用处

很少有人对煤油灯灯罩漫长的演变过程有过了解。在数千年的时间里，人们一直在使用没有灯罩的煤油灯来照明。直到天才科学家达·芬奇对煤油灯的构造进行了改良，煤油灯才加上了一层灯罩，但这个灯罩不是玻璃材质，而是金属材质的。又过了3个世纪，玻璃灯罩才取代了金属灯罩。如此看来，一个小小的玻璃灯罩，竟是千百年来人类智慧的结晶。

那么玻璃灯罩究竟有什么用处呢？我想很少有人能给出正确的答案。保护火焰不被大风吹灭只是它的次要作用，它最主要的作用是增强火焰的亮度，加速燃烧的过程。换句话说，玻璃灯罩的作用与烟囱的作用相仿，它能让大量的空气流向火焰，使灯罩内的空气更加流通。

让我们再做一个仔细的分析。煤油灯点燃后，灯罩内空气温度上升的速度比灯罩外要快得多。由于受热后的空气重量变轻，从下方灯孔进入的较重的冷空气——根据阿基米德定律——会将热空气向上推，这样一来，空气就会持续地自下而上流动，这种流动会不断地带走燃烧产生的物质，带来新鲜的空气。玻璃灯罩的高度越高，冷热空气的重量差异就越大，空气流动的速度就越快，火焰燃烧得就越旺。这也是工厂的烟囱都建得很高的原因。

有意思的是，达·芬奇也发现了这一现象，他在手稿中批注道："凡是火焰燃烧的地方，都会产生一股气流，正是这股气流助长了火焰，使之燃烧得更加旺盛。"

为什么火焰不会自己熄灭

如果我们仔细思考一下燃烧的过程，就会自然而然地发现一个问题：为什么火焰不会自己熄灭呢？我们知道，燃烧产生的二氧化碳和水蒸气都是无法燃烧的物质，这些物质会将火焰包裹起来，阻止空气接触火焰。没有空气的参与，燃烧就无法持续，火焰就会熄灭。

但为什么这种情况没有发生呢？为什么燃烧会一直持续到所有燃料被耗尽的那一刻？唯一的原因就是，气体在受热后会膨胀变轻，所以燃烧产生的物质不会停留在它形成的地方，也就是火焰附近，而会被新鲜的空气挤向上方。假如阿基米德定律对气体不起作用，或者说，假如重力不存在，那么任何火焰都会在燃烧一段时间后自行熄灭。

不难看出,燃烧产生的物质对火焰有致命的影响。其实你经常在没有察觉的情况下利用这一点来熄灭火焰。试想一下,你是如何熄灭煤油灯的呢?你会从灯罩上方向内吹气,换句话说,你在把燃烧产生的不可燃物吹到火焰的周围,如此一来,火焰就会因为接触不到新鲜空气而熄灭。

儒勒·凡尔纳遗漏的章节

儒勒·凡尔纳在书中详细地描述了3位勇敢的旅行者乘坐炮弹去月球的冒险经历,但是他忘了告诉我们,麦克·亚当在这种特殊的环境里是怎样做饭的。或许他认为,着实没有什么必要描写在太空中做饭的过程。如果他当真这样想,那可就大错特错了。在飞行的炮弹内,一切物体都处于失重状态(我在《趣味物理学》等书中都对这个颇具趣味的情景做过详细的解释)。然而儒勒·凡尔纳并未对这个情景着墨太多。假如你也认为,在失重的厨房中烹饪的情节完全值得详细描述,那么儒勒·凡尔纳的疏漏就未免让人感到可惜了。让我来竭尽所能地补写一下儒勒·凡尔纳遗漏的章节,在阅读我写的文字时,请读者们切勿忘记,炮弹内的一切物体都处于失重状态,哪怕是1盎司(约为28.35克)的重量都没有。

失重情况下的早餐

"朋友们，咱们还没吃早餐呢，"麦克·亚当向一同进行奔月之旅的伙伴们说道，"虽然咱们失去了体重，但不见得失去了胃口，让我来给大家做顿早餐，我敢打赌，这绝对是有史以来重量最轻的几道菜。"

不等其他人回答，这个法国人就开始着手做饭。

"我们的水瓶好像空了，"亚当一边努力地拔水瓶的瓶塞，一边喃喃自语道，"但你骗不了我，我知道你为什么这么轻，好了，我把瓶塞拔掉了，快让没有重量的水流进锅里吧！"

但无论他怎么摆弄水瓶，水都没有流出来。

"别费力气了，我亲爱的亚当，"尼柯尔向他施以援手，"你应该知道，在我们这个没有重力的炮弹里，水是流不出来的，你必须像抖浓稠的糖浆一样，把水从瓶子里抖出来。"

亚当立刻将瓶子倒了过来，拍了拍瓶底，这时他惊讶地看到，一个拳头大小的水球从瓶口冒出。

"我们的水出了什么问题？"亚当被吓了一跳，"我博学的朋友们，谁能向我解释一下，这是怎么一回事？"

"那只不过是一滴水，我亲爱的亚当。在没有重力的世界里，你会看到各种大小的水滴，要知道，液体只有在重力的作用下才会变成容器的形状并从容器中流出。而我们处于失重状态，液体只受到自身分子力量的作用，所以自然地呈现为球状，就像著名的普拉图实验里的油一样。"

171

"我才不关心什么普拉图和他的实验！我要烧水做汤！我发誓，绝不让什么分子力量阻碍我！"这个法国人怒气冲冲地吼道。

他愤怒地摇动着瓶子，试图把水摇到飘浮在空中的锅里，但事事都仿佛在与他作对。大水球一接触到锅，就顺着锅面四散开来，散开的水又流到锅的外壁，没过多久，锅就被一层厚厚的水包裹住了，在这种情况下，烧水是不可能的了。

"这个实验非常有启发性，它证明了内聚力的强大，"尼柯尔心平气和地对怒火中烧的亚当说道，"你不要激动，这只是液体润湿固体的一种普通现象，只不过在这里重力无法产生作用。"

"真遗憾重力无法产生作用啊！"亚当生气地驳斥道，"不管是润湿现象还是别的什么东西，我只能在锅里煮水，不能在锅外煮水啊！你瞧瞧，有哪个厨师能在这种情况下煮出汤来？"

"有一种简单的方法可以防止润湿现象打扰你的工作，"巴尔比根先生用安抚的口吻说道，"记住，只要在物体的表面覆盖一层薄薄的油脂，它就无法被水浸湿。如果你在锅的外壁涂上一层油，锅里的水就不会跑出来了。"

"不错，这才是真正的学问。"亚当欣然地接受了巴尔比根先生的建议，开始在煤炉上烧水。但他又一次遭遇了挫折，煤炉的火焰只燃烧了半分钟就熄灭了，茫然的亚当只好耐心地调试炉火，但他忙碌了半天，火焰仍旧燃烧不久。

"巴尔比根！尼柯尔！难道没有办法让这不听话的火焰按照你们的物理学原理以及煤气公司所写的操作流程燃烧起来

吗？"这个沮丧的法国人开始向他的朋友们求援。

"出现这样的情况并不意外，"尼柯尔解释道，"火焰正是按照物理学原理燃烧的，至于煤气公司所写的操作流程……我觉得，如果地球上没有重力的话，煤气公司早就破产了。你一定知道，火焰在燃烧时会产生不可燃的二氧化碳和水蒸气，这些燃烧产生的物质不会逗留在火焰附近，因为它们的温度高，重量轻，涌入的新鲜空气会取代它们的位置。但我们所在的地方没有重力，所以燃烧产生的物质会留在原地，它们包裹着火焰，使火焰无法接触到新鲜空气，这样一来，火焰就无法充分燃烧，很快就会熄灭。这也是灭火器的工作原理——利用不可燃气体包裹火焰。"

"照你的说法，"法国人插嘴道，"如果地球上没有重力，就不需要消防队了，火焰会自行熄灭，是这样吗？"

"没错。不过现在我们还是把煤炉重新点燃，准备羹汤吧。我们可以在点燃煤炉后冲着火焰吹气，人工制造空气流通，让火焰像在地球上一样燃烧。"

亚当照做了，他再次点燃炉火，动手做饭，同时饶有兴趣地看着尼柯尔和巴尔比根轮流地冲火焰吹气，让火焰保持燃烧。这个法国人心想，都怪他的朋友和他们的科学带来了这些麻烦。

"哈哈！你们就像两座烟囱一样，"亚当戏谑地说道，"我真同情你们，我博学的朋友们，但如果你们想吃上热乎乎的早餐，就必须遵循物理学的原理。"

就这样过去了一刻钟、半小时、一小时，可锅里丝毫没有沸腾的迹象。

"耐心一点，我亲爱的亚当。为什么普通的有重量的水很快就能烧开？因为锅里产生了对流作用：锅底部的水在受热后变轻，然后被较重的冷水推到顶部，如此循环，很快整锅水都会沸腾。你有没有试过从顶部加热锅具？如果试过你就会发现，在这种情况下，对流作用不会产生。因为水的导热性非常差，锅顶部的水在受热后会保持静止不动。如果在锅底放上冰块，即使顶部的水已经煮沸，冰块也不会受热融化。但是在我们这个失重的炮弹中，无论是从锅底烧水还是从锅顶烧水，效果都是一样的，锅里不会产生对流，所以水热得非常慢。如果想让水热得快一点，就要不停地搅拌它。"

尼柯尔又告诫亚当不要把水烧到100摄氏度，而是要烧到稍低于100摄氏度的温度，因为当水温达到100摄氏度时，水会产生许多水蒸气，在失重的情况下，水蒸气与水的比重相同，它们会混合在一起形成均匀的泡沫。

接着，亚当在解开装豌豆的袋子时又遇到了麻烦。他只是轻轻地晃了晃袋子，豌豆就向四面八方滚了出去，在舱壁之间弹来弹去。四处散落的豌豆险些酿成大祸：尼柯尔一不小心吸入了其中一颗，差一点没被噎死。为了避免再次出现意外，必须把这些危险的豌豆清扫干净，旅行者们开始用网兜捕捉空中的飞豆，这个网兜原本是亚当为了采集"月球上的蝴蝶标本"而带在身边的。

在失重的条件下烹饪简直难于登天。亚当说得对，即使是顶级厨师也难以应付这些不测之事。他在煎牛排时又忙乱了一番：由于牛排下面形成的油蒸气会不断地将半熟的肉向上顶（我们姑且使用"向上"这个说法，事实上在失重的环境中，并不存在上下的概念），他必须始终用叉子将牛排叉住，才能不让牛排"跳"到锅外。

在失重的空间中，吃饭也变成了一种奇特的景象。旅行者们以不同的姿势悬在空中，他们的脑袋时不时地撞在一起。坐下来当然是不可能的。椅子、沙发、板凳一类的物品，在没有重力的世界里都变得毫无用处。若不是亚当坚持要一张"早餐桌"的话，委实没有必要用到桌子。

烧汤不易，喝汤更难。一开始，亚当想将失重的汤倒进碗里，但汤怎么也倒不出来。亚当为这件事忙了一个早上，他忘记了汤是没有重量的，他恼怒地敲打着翻转的锅底，想把牢牢贴着的汤倒出来，结果，一颗巨大的水球从锅里飞了出来，这颗水球就是肉汤！亚当只好用杂技演员一般的动作，将他好不容易做好的羹汤收回锅里。

亚当想用勺子将汤盛出来，但并没有成功。汤覆盖了整个勺子，甚至把手指都裹住了。为了防止这种润湿作用，旅行者们在勺子上涂了一层油，但也无济于事。勺子里的汤变成了小球的形状，无论如何也无法送入嘴里。

最后，尼柯尔想出了一个办法，他用蜡纸卷成吸管，然后用这些吸管来喝汤。旅行者们就是用这个方法来喝水、喝酒以及喝其他液态饮品的。

（在本书的上一个版本面世后，有许多读者写信来问我，为什么书中的方法能够让人在失重的世界里喝到汤。他们认为，失重状态下的空气无法施加压力，因此旅行者们不能通过吸管来吸食液体。这种谬论在报纸上竟然得到了不少支持。我要澄清的是，在这个情况下，空气的失重状态对压力没有任何影响。空气之所以能在密闭的空间内施加压力，不是因为它具有重量，而是因为它作为气态物质可以不受限制地膨胀。而在"非密闭"的地球上，重量恰恰限制了空气的膨胀，这种惯性思维误导了我的批评者们。）

水为什么能扑灭火呢

这个问题虽然很简单，但不见得所有人都能答对，所以我要在这里简短地解释一下水对火起到了什么样的作用，希望读者们不要怪我多此一举。首先，水一接触到炽热的物体，就会变成蒸汽，在这个过程中，它从炽热的物体上夺走了大部分热量。沸水转化为蒸汽所需的热量相当于等量冷水加热到100摄氏度所需热量的5倍多。其次，生成蒸汽的水的体积仅为蒸汽体积的几百分之一，燃烧的物体被这么多的蒸汽所包裹，就无法接触到新鲜的空气，也就无法继续燃烧了。

为了加强水的灭火作用，有时候还会在水里放入一些火药。听上去似乎很荒谬，但这样做是有道理的：火药燃烧速度很快，且能在燃烧的同时产生大量不可燃气体，这些气体笼罩着燃烧的物体，能够达到遏制火势的效果。

以火制火

你也许听说过，将森林或草原大火扑灭的最好方法——有时可能是唯一方法——就是迎着大火的方向再放一把火。点燃的火焰向着大火蔓延，将一路上的可燃物全部烧尽，使大火失去了燃料。当两堵火墙撞在一起时，它们会在瞬间熄灭，仿佛被彼此吞噬殆尽。

一定有许多读者看过费尼莫·库珀的小说《草原》，其中就有一个情节讲的是一位经验丰富的老猎人用"以火制火"的方法把旅行者们从烈火中救了出来。我将这段惊心动魄的描写摘录在下面：

突然间，老人露出一种果断的神情。

"是时候行动了！"他说道。

"现在行动已经太迟了，可怜的老头子，"米德尔顿大喊道，"大火离我们只有 $\frac{1}{4}$ 英里了，风又这么大，火势一定蔓延得更快了！"

"是吗？我倒不怎么害怕。来吧，伙计们，把眼前这片干草清理掉，腾出一块空地来！"

没过多久，人们就清出了一块直径约 20 英尺的空地，老

177

猎人把妇女们带到空地的一边，然后吩咐米德尔顿和保罗用毯子裹住她们轻薄易燃的衣服。做好这些防范措施后，老猎人来到空地的另一边，此时烈火已犹如高墙一般将他们包围。老猎人拿起一捆干燥的草料放在枪架上点燃，草料瞬间着起火来，他把烧着的干草扔向树丛里，然后撤回到空地的中心，安静地等待着接下来发生的事情。

没过多久，火苗就烧尽了干草和树丛，向着草地汹涌而来。

"现在你们可以瞧瞧火与火之间的战斗了！"

"这不是更危险了吗？"米德尔顿惊惶地喊道，"你不像是在灭火，反倒像是在引火上身啊！"老猎人放的这把火越烧越旺，开始向三面蔓延，不过空地的这一面没有燃料，火到这里就自行熄灭了。火势汹汹，浓烟滚滚，燃烧过后留下的烧焦的土地，比镰刀割过的草地还要空荡。幸而老猎手点燃了空地前的草地，烈火向三面燃烧时扩大了空地的面积，否则旅行者们性命堪忧。过了一会儿，大火渐渐熄灭了，只有浓烟还笼罩在半空，所有人都已经全须全尾地从火海逃生。

旁观的旅行者们看到老猎人用这样简单的方法扑灭了大火，无不露出惊讶的神情，就像当年斐迪南的朝臣们看到哥伦布把鸡蛋竖起来一样。

顺带一提，这种扑灭森林和草原大火的方法并不像乍看起来那么简单。只有经验丰富的人才能运用，没有经验的人只会让情况变得更糟。

图80 以火制火

　　为什么只有经验丰富的人才能运用这种方法灭火呢？我们不妨从以下几个问题中寻找答案：为什么老猎人点燃的火会迎着大火燃烧，而不是朝着相反的方向燃烧呢？毕竟大风是向着旅行者们的方向吹的，理应把火也吹向他们的方向。难道老猎人放的火不应该向着相反的方向燃烧吗？倘若真是这样，旅行者们一定会命丧火场。

　　那么，老猎人的秘诀是什么呢？

　　秘诀就是一个普通的物理学原理。虽然风是从燃烧的草原吹向旅行者们的方向，但靠近大火的地方会出现一股气流，这股气流的方向是朝着大火的。因为火焰上方的热空气质量较轻，从四周流入的新鲜空气会将热空气向上推，因此在大火周围一定存在与其移动方向相反的气流。这就是为什么老猎人不急于放火，而是冷静地等待最佳时机。如果他在气流还没出现的时候早早地点

179

燃了干草，那么火就会朝着他们的方向扑来，把他们逼入绝境。如果他放火的时机太晚，他们就会因为凶猛的火势被烧死。

沸水可以将水烧开吗

把一个装满水的小瓶子或小罐子放进煮水的锅里，为了防止瓶子沉到锅底，我们用一个铁环把瓶子套住。当锅里的水烧开时，我们自然会以为瓶子里的水也会烧开，然而我们发现，瓶子里的水会烧得非常热，但无论过去多久，它都不会烧开。沸水的温度似乎还不足以将水煮沸。

这样的结果看似出人意料，实际又在情理之中。毕竟，要让水沸腾，除了将水加热到100摄氏度，还要为水提供大量的热量，使水从液态变为气态，即蒸汽。

纯水达到100摄氏度就会沸腾。在一般条件下，无论怎样继续加热，它的温度都不会再上升。也就是说，加热瓶里的水的热源最高温度是100摄氏度，所以瓶里的水也只能达到100摄氏度，一旦它们的温度都达到了100摄氏度，锅里的水就无法再向瓶里的水传递任何热量了。

总而言之，这种方式无法让瓶里的水获得转化为蒸汽所必需的热量（每克100摄氏度的水需要500卡路里以上的热量才能转化为蒸汽）。这就是瓶里的水无论怎样加热都不会沸腾的原因。

你可能会好奇，瓶里的水和锅里的水有什么区别呢？毕竟两个容器中的水都是一样的，唯一的区别就是瓶里的水和锅里的水隔着一层玻璃，那么为什么锅里的水受热就会沸腾，而瓶里的水不行呢？原因就在这层玻璃上。玻璃隔绝了瓶里的水，使它无法同锅里的水产生对流。锅里的水的每一个分子都能接触到滚烫的锅底，而瓶里的水只能和沸水交换热量。

现在我们知道了，沸腾的纯水是无法将瓶里的水煮沸的。但如果我们在锅里放一些盐，情况就会发生变化。盐水的沸点比纯水的沸点要高，所以我们可以通过这样的方法将瓶里的水煮沸。

雪可以将水烧开吗

你可能会说："沸水都无法将水烧开，更何况是雪呢？"不过，先不要着急下结论，不妨让我们来做个实验。我们要用到上一个实验中用到的小瓶子，先灌满半瓶水，然后将它浸入沸腾的盐水中。当瓶里的水开始沸腾时，我们就把它拿出来，迅速塞紧瓶塞，接着把它倒过来，等待沸水逐渐平静。这时候，我们将烧开的沸水浇在瓶底，瓶里的水不会再沸腾起来。但如果我们把雪撒在瓶底上，或如图81所示，将冷水浇在瓶底，瓶里的水就会立刻开始沸腾。沸水做不到的事情，雪竟然做到了！

更让人感到惊奇的是，如果你用手摸一摸瓶子，就会发现它一点也不烫，但瓶里的水确实在沸腾。原因是雪使瓶壁温度降低，瓶子里的蒸汽因而凝结成了水滴。此外，瓶子放入锅中加热时，

图81　用冷水浇瓶子，　　　　　图82　遇冷后铁罐会变形
瓶里的水会沸腾

瓶里的空气已经被挤出去了，所以此时瓶里的水受到的压力远小
于之前。我们知道，当液体承受的压力减少时，它的沸点也会降
低。所以，虽然瓶里的水是沸腾的，但并不怎么烫。

如果瓶壁很薄，那么蒸汽的突然凝缩可能会导致类似爆炸的情
况。因为瓶内的气压没能将瓶外的气压抵消，瓶外的气压就会将瓶
子挤碎（在这里使用"爆炸"一词并不是十分妥帖）。所以我们最好
使用圆底烧瓶来做这个实验，它拱形的瓶底可以分散空气的压力。

最安全的方法是用锡罐取代玻璃瓶。将一定量的水煮沸后，
拧紧罐盖，然后将冷水浇在上面。这时，罐子里的蒸汽受冷而凝
结成水，在外部气压的作用下，铁皮会被压扁，就像被铁锤狠狠
砸过一样（图82）。

气压计汤

　　著名的美国幽默作家马克·吐温在《浪迹海外》中描述了一件他在阿尔卑斯山旅行时碰到的趣事。当然，描述的情节都是他自己杜撰的。

　　我们的痛苦终于结束了，我决定让其他人在营地里休息，利用这个时机做一些科学考察。首先，我用气压计测量了一下我们所在地的海拔高度，但我没能得到真实的数据。我在科普读物中读到过，温度计或气压计必须在煮沸之后才能工作。我记不清哪个是温度计，哪个是气压计了，所以我决定把两件仪器都煮一遍。然而煮完后，我依旧没能得到任何结果。我检查了一下这两件仪器，发现它们都被煮坏了，气压计上只剩下一根铜针，温度计里只剩下一滴水银。

　　我找到了另一个崭新的、完好的气压计，把它放进厨师们正在烹煮的豆羹里，煮了半小时。结果让我大失所望，气压计又被煮坏了，汤里还多了一股刺鼻的味道。我们的厨师长是个非常机灵的人，

图83　马克·吐温的"科学研究"

他随即给这道汤改了一个新名字。结果这道汤受到了大家的喜爱，我只好每天都拿气压计去给他煮汤。气压计每天都被煮坏，但我并不觉得可惜，因为它不能帮我测量高度，我留着它又有什么用呢？

现在让我们略去文中的玩笑话，现实中当然不能这么做。认真思考一下：到底应该煮温度计还是气压计？答案是温度计。这是为什么呢？

我们从前面做过的实验中得知，水面承受的压力越小，水的沸点就越低。随着山的高度逐渐升高，空气压力会逐渐减小，水的沸点也会相应地下降。下面这张表格展示了不同的大气压力下，水的沸点的不同。

在平均气压为713毫米汞柱的瑞士的伯尔尼，水在敞口容器中的沸点是97.5摄氏度；而在气压为424毫米汞柱的勃朗峰顶，水的沸点只有84.5摄氏度。平均每上升1千米，水的沸点就要降低3摄氏度。如果我们测量一下水沸腾的温度（或用马克·吐温的话说，"煮"一下温度计），再对照一下表格，就可以知道所在地的海拔高度了。不过这张表格要事先准备好，很显然马克·吐温没做这样的准备。

专门用这种方法测量高度的仪器叫"测高温度计"，这种仪器和金属盒气压计一样便于携带，但它的精确度比气压计要高得多。

当然，气压计也可以用来测量我们所在地的高度，我们不用把它"煮沸"也能测量出大气的压力。气压越小，就说明海拔越高。这时我们需要对照一下表格，看一下气压是怎样随着海拔的增加而减小的，或演算一下相关的公式。不过我们的这位幽默大师对这些理论并不了解，所以才造成了煮"气压计汤"的闹剧。

沸点/摄氏度	密度
101	787.7
100	760
98	707
96	657.5
94	611
92	567
90	525.5
88	487
86	450

沸水总是滚烫的吗

凡是读过儒勒·凡尔纳的小说《太阳系历险记》的读者，一定都记得勇敢的勤务兵宾·茹夫，他坚定地认为沸水都是滚烫的，直到他和赫克托尔·塞尔瓦达克上尉被一起抛到了彗星上。这颗行踪不定的彗星与地球相撞，两位主人公被阴错阳差地撞到了彗星上，他们只好跟着彗星一起沿着椭圆形的轨道运动。某天勤务兵宾·茹夫在准备早餐时，意外地发现沸水并不总是滚烫的：

宾·茹夫往锅里倒了些水，然后把锅端到炉火上烧。水烧开后，他又拿起几个鸡蛋放了进去，这些鸡蛋拿在手里的感觉

185

就像羽毛一样轻，仿佛里面是空心的。

"不到两分钟，水就煮开了！"宾·茹夫感叹道，"火烧的真旺啊！"

"不是火烧得更旺了，"塞尔瓦达克上尉沉思了片刻后说道，"是水烧得更快了。"

他从墙上取下温度计，插在了沸水里。温度计显示水温只有66摄氏度。

"天哪，"上尉惊叹道，"在这里，水的沸点竟然是66摄氏度而不是100摄氏度。"

"真的吗，长官？"

"当然是真的，宾·茹夫，鸡蛋要再煮一刻钟。"

"那它们不会变硬吗？"

"放心吧，我的朋友，它们不会变硬的，一刻钟之后，鸡蛋刚好煮熟。"

很显然，由于空气柱明显缩短（大约缩短了$\frac{1}{3}$），气压大大降低，在如此低的气压下，水的沸点不再是100摄氏度，而变为了66摄氏度。同样的现象在海拔11千米的山峰上也会出现。倘若上尉手中有一支气压计，他一定能测量出气压降低的情况。

这个情节中描写的现象是合理的，水在66摄氏度时的确能够沸腾。但我们十分怀疑，在空气如此稀薄的大气层中，两位主人公是怎么生存下来的。

儒勒·凡尔纳说得没错，在海拔为11千米的山顶上，水的沸点为66摄氏度（正如前文所说的，高度每上升1千米，水的沸点会下降3摄氏度，要使水的沸点降到66摄氏度，高度就必须上升34÷3=11千米）。然而这里的气压只有190毫米汞柱，是正常气压的$\frac{1}{4}$。在这样稀薄的空气中，人是无法正常呼吸的，毕竟这里的高度已经达到平流层的范畴了。我们知道，在这样的高度，不戴氧气面罩的飞行员会出现休克，塞尔瓦达克上尉和他的勤务兵却没有感到什么不适。幸好塞尔瓦达克上尉手里没有气压计，否则作者就只能让它显示出一个背离物理学原理的数值了。

如果两位主人公没有降落在彗星上，而是降落到了大气压只有60至70毫米汞柱的火星上，他们就能喝到更冷的、温度仅为45摄氏度的沸水。

相反，在气压比地面高得多的深井底部，水的沸点会更高。在深度为300米的井中，水的沸点是101摄氏度，再向下降到深度600米处，水的沸点则达到了102摄氏度。

蒸汽机锅炉中的水要承受极高的压力，所以它的沸点极高。在14个大气压下，水的沸点是200摄氏度。反之，空气泵钟形罩下的水即使在普通的室温下也会沸腾，也就是说，在这种情况下，20摄氏度左右的温度就能将水煮开。

热气腾腾的冰块

我们前面谈的都是温度不高的沸水，现在我们再来聊聊一种更加奇妙的东西——热冰。我们习惯上认为，水的温度达到0摄氏度以上，就不能再以固态状态存在。然而物理学家布里奇曼通过实验证明，这种想法并不完全正确。在极高的压力下，水能够在高于0摄氏度的温度里变成固体，并保持固体的状态。布里奇曼还指出，冰其实拥有很多种形态。其中一种被他称作"五号冰"的冰，是他在20600个大气压的巨大压力下制出的，这种冰可以在76摄氏度的温度下保持固体状态。如果我们触摸到它，手指极有可能会被烫伤。不过我们并没有触摸它的机会，因为它是在用最好的钢材制作的厚壁容器中，用极强的压力制成的。我们看不到它，也摸不到它，只能通过间接的方式了解它的特性。

令人惊讶的是，这种热冰的密度要远远大于普通的冰，甚至大于水，它的比重达到了1.05。所以，如果我们把它放到水中，它会沉下去，而不会像普通的冰那样浮在水面上。

用煤制冷

通常情况下，煤的作用是取暖，但如果你想用煤制冷，也完全没有问题，在制造干冰的工厂里，每天都有工人在用煤制冷。工人们把煤放入锅炉里，然后将燃烧产生的气体进行过滤，用碱性溶液将里面的二氧化碳全部吸收。接着用加热的方法，把溶液中纯净的二氧化碳析出，放在70个大气压下冷却、压缩和液化。液态的二氧化碳被装在厚壁圆筒里，运往汽水厂和其他需要它的工厂。它的温度极低，甚至能够冻结土壤，人们曾经利用它的这一特性来修建莫斯科地铁。不过应用更加广泛的是固态的二氧化碳，它还有一个更为人熟知的名字——"干冰"。

干冰是液态二氧化碳在低压环境下迅速冻结而成的。与其说它的外形像冰，倒不如说它像压实的雪。并且，它在许多方面与冰有很大的不同。干冰的重量比普通的冰要重，它在水里会下沉。它的温度虽然极低（-78摄氏度），可是如果我们拿起一块干冰放在手中，并不会觉得特别冷。因为当我们温暖的皮肤与之接触时，干冰会升华为二氧化碳气体，保护皮肤不受寒冷，只有紧紧攥住干冰的时候，我们的手才有可能被冻伤。

"干冰"这个名字，其实非常形象地表现出了这种物质的物理特性。干冰不是湿的，也不会弄湿任何它接触到的东西。受热之后，它不会变为液体，而会直接变为气体，因为在正常的大气压下，二氧化碳无法以液体状态存在。由于干冰可以瞬间气化并且自身的温度极低，它被视为一种无可取代的冷却物质。用干冰冷藏的食物不会受潮，也不易腐烂变质，因为二氧化碳气体还能够抑制微生物的生长，防止食物滋生霉菌和细菌，另外，昆虫和啮齿动物也不能在这种环境下存活。除此之外，二氧化碳还是一种可靠的灭火剂。将几块干冰扔进燃烧的汽油中，火焰就会被扑灭。干冰的这些特点，使它在工业和生活中发挥着广泛的用途。

第八章

磁与　　电

慈石

中国人为天然磁石起了一个极具诗意的名字——"慈石"，"慈"意即"慈爱"，认为磁石吸引磁铁就好比母亲吸引孩子一般。奇妙的是，法国人也为磁石取了一个意思相近的名字——"animant"，意思是"磁力"和"慈爱"。

天然磁石的磁力较弱，因此古希腊人称磁石为赫拉克勒斯石（赫拉克勒斯是希腊神话中的大力神）实在是有些大惊小怪，如果天然磁石的磁力都让他们如此震惊，那么看到冶炼钢铁时现代磁力起重机吊起数吨重的铁锭，他们又会发出怎样的感叹呢？诚然，磁力起重机用的不是天然磁石，而是电磁铁（铁芯被通电螺线管的磁场所磁化而制成），但它们都具有同一种性质，那就是磁性。

千万不要以为磁体只对铁具有吸引作用，还有一些其他的金属——例如，镍、钴、锰、铝、金、银和铂——也会受到强大的磁力作用，虽然效果没有铁那样明显。此外，还有一些反磁性的物体，例如，锌、铅、硫、铋等，它们被强大的磁力所排斥。

　　磁体也会对液体或气体产生吸引或排斥作用。不过这个作用非常微弱，磁力必须足够强大，才能对物质产生影响。举个例子，磁铁能够吸引纯氧气。如果我们把氧气充分的肥皂泡放在磁力强大的电磁铁的两极之间，看不见的磁力就会将肥皂泡抻长。如果我们将燃烧的蜡烛放在磁力强大的磁铁的两极之间，烛火的形状就会发生变化，这清楚地表明了它对磁力的敏感性（图84）。

图84　电磁铁两极之间的烛火

指南针之谜

　　我们习惯性地认为，指南针的指针一头指南，一头指北。假设有人提出下面的问题，我们一定觉得荒唐至极——在地球上的什么地方，指南针的指针两头都指向北方？又在什么地方，指南针的指针两头都指向南方？

　　我猜你一定会斩钉截铁地回答，我们的星球上不可能有这样的地方。然而，这样的地方确实存在。让我来提醒你一下，地球上的两个磁极与地理上的南北极并不重合，现在你可能知道我指的是什么地方了。将指南针放在地理上的南极，它的指针会指向哪里呢？指针的一头肯定指向附近的磁极，而另一头指向相反的磁极。不过，你从地理上的南极出发，无论朝哪里走，都是在向北走——地理上的南极只有北方，没有其他的方向。所以在这里，指南针的指针两头都会指向北方；同理，将指南针放在地理上的北极，它的指针两头都会指向南方。

磁力线

　　图85是依照照片画的一张示意图，图上展示了一个奇妙的现象。将手臂放在电磁铁的两极上，然后将猪鬃一样硬的钉子撒在手臂上，手臂完全感受不到磁力的作用，但无形的磁力穿过了手臂，使铁钉沿着磁力的方向呈现规律的排列。由于人体中并不存在能够感知磁力的器官，所以我们只能猜测磁铁周围的磁力是如何分布的（想象一下如果我们能够感知磁力，将会是一种多么奇特的体验。克莱德尔设法使龙虾具有了感知磁力的能力，他注意到，幼年龙虾会将小石子放入听觉器官——它们将石子压在它们敏感的胡须上，

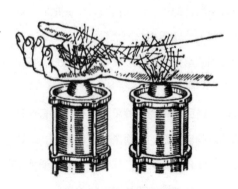

图85　无形的磁力穿过了手臂

而胡须是它们平衡器官的组成部分。人的耳朵里也有类似的石头状的器官，它被称作"耳石"。耳石位于主要听觉器官附近，它们沿着重力的方向做竖直运动。克莱德尔在实验中将铁屑代替小石子放入龙虾的听觉器官上，当他扯动磁铁时，龙虾就会不自觉地转向垂直于磁力和重力合力的方向。"近来，有科学家修改了这项实验，将实验对象换作人类。凯勒把微小的铁屑黏在了实验者的耳鼓上，于是磁力的振荡就像声音一样传入了实验者的耳朵。"——O. 维纳·J 教授记录）。

　　但是用间接的方法展示磁铁周围磁力的分布情况也并不是什么难事。我们可以准备一些铁屑，将铁屑均匀地撒在光滑的纸板或玻璃板上，然后在下面放上一块磁铁，用手指轻轻地弹动纸板或玻璃板。由于磁力能够穿透纸板和玻璃板，铁屑会被磁化。在弹动的过程中，磁化的铁屑会在磁力的作用下变换位置，沿着磁力线重新排列。这样一来，无形的磁力线就一清二楚地展现在了我们面前，如图86所示，图上可见磁力形成了非常复杂的一个图形。铁屑从磁铁的两极向外扩散，在两极之间形成长长短短的弧线。通过这些铁屑，我们看到了物理学家头脑中的画面以及每一块磁铁周围看不见的东西。这张图

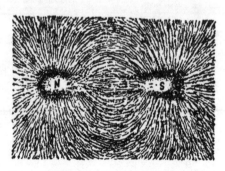

图86　在纸板下方放置磁铁，纸板上的铁屑会形成这样的图案（根据照片绘制）

还向我们展示了一个规律，离磁极越近，铁屑形成的线条就越密集，越清晰；离磁极越远，线条就越稀疏，越模糊。这说明磁力会随着距离的增加而减弱。

怎样使钢磁化

我时常听到读者提出这个疑问，但在回答之前，我想先解释一下未磁化的钢块和磁铁之间的区别。

我们可以把钢条中的每一个铁原子——无论钢是否被磁化——都想象成一个小小的磁体。在未磁化的状态下，小磁体的排列是杂乱的，它们的磁力作用会被排列方向与之相反的其他小磁体的磁力作用完全抵消（图87A）。相反，在磁化的状态下，小磁体的排列是有序的，所有同性磁极都朝向一致的方向（图87B）。

当钢条被磁化时，会发生什么呢？

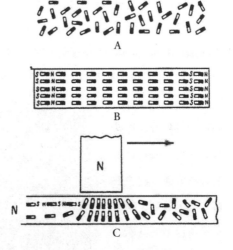

图87　A图为未磁化状态下的小磁体的排列形式；B图为磁化状态下的小磁体的排列形式；C图为磁化状态下的小磁体受到磁铁吸引后，同性磁极指向相同的方向

在磁铁吸引力的作用下，小磁体的同性磁极都会指向同一方向（图87C）。起初，钢条里的小磁铁的南极指向磁铁的北极，当我们把磁铁移开一段距离，小磁体就会沿着磁铁移动的方向排列，它们的南极就会朝向钢条的中部。

通过上面的描述，我们了解了磁铁是如何磁化钢条的。我们应该把磁铁的一极放在钢条的一端，然后按住磁铁，将它沿着钢条进行摩擦。这是最古老也是最简单的磁化方法之一，然而这种方法的适用范围非常有限，只能用来制造体积较小、磁力较弱的磁铁，如果想要制造磁力强大的磁铁，就要利用电流。

庞大的电磁铁

在冶金厂里时常可见负载重物的电磁起重机，它的作用可不容小觑。它能轻而易举地搬运几十吨重的铁料或机械零件，且不用做任何捆扎处理。铁片、铁丝、铁钉、废铁和其他铁料，用别的方式搬运耗时耗力，用电磁起重机则无须装箱和打包，就能方便地搬移和运送。

图88和图89向我们展示了电磁铁的强大功用。要知道，收拢和搬运零散的铁片是件麻烦事，但威力强大的电磁起重机能轻松地完成这两项工作（图88）。它不仅能帮助我们节省劳力，还能简化工作流程。图89描绘了电磁起重机搬运桶装铁钉的场景，它一次能举起6桶铁钉！若一家冶金厂里有4台电磁起重机，每

图88　电磁起重机搬运铁片　　　　图89　电磁起重机搬运桶装铁钉

台起重机一次搬运10根铁轨，就相当于完成200名工人的工作。

　　我在前文中提到过，使用电磁起重机时，不用担心重物掉落，只要电磁铁的线圈中有电流通过，哪怕一小块碎片也会被牢牢地吸住。然而如果线圈中的电流消失，就有可能酿成事故，在电磁起重机刚刚问世时，就发生过这样的惨剧。一本技术杂志上刊载过这样一则消息："在美国的一家工厂内，电磁起重机正在把铁锭从火车上运到炉子里。突然，尼亚加拉瀑布发电站意外断电，巨大的铁锭从电磁铁上掉落，将一个工人砸死了。"为了防止此类事故再次发生，同时也为了减少电能消耗，我们在电磁起重机上安装了一种特别的装置——当待运送的重物被起重机提起后，坚固的钢爪会落下来紧紧地扣住它们，而电流在搬运的过程中将会被切断。

　　图88和图89中描绘的两台电磁起重机直径为1.5米，每台

起重机可以举起16吨的重物，相当于一辆满载的货车的重量。这样的电磁起重机一天可以搬运600吨以上的重物。有的电磁起重机一次能够提起75吨的重物，也就是一个火车头的重量！

可能有读者会想，用电磁起重机来搬运高温铁料，岂不是非常方便？然而遗憾的是，铁只有在一定的温度下才会被磁化。当磁铁被加热到800摄氏度时，就会失去磁性。

在现代金属加工厂，电磁铁被广泛应用于固定和移动铁料、钢料以及生铁铸锭。如今我们已研制出数百种不同的辅助装置，这些装置极大地简化了金属加工的流程。

磁力戏法

马戏团的魔术师有时也会将电磁铁作为道具，我们不难想象这样的戏法是多么奇妙。达利在其著作《电的应用》中记录了一个法国魔术师在阿尔及利亚演出时发生的故事。对电学一无所知的观众在观看这场表演时，还以为自己见识到了真正的魔法。以下是魔术师的自述：

舞台上放着一个不大的铁皮箱，箱盖上有一个提手。我邀请一位大力士来到台上。一位中等身材、体格魁梧的壮汉自告奋勇应声上台，他带着倨傲的神情，自信满满地走到我身旁。

"你应该力气不小吧？"我从头到脚打量了他一番，问道。

"没错。"他说道。

"你确定你很有力气吗？"

"那当然。"他不假思索地答道。

"这可不一定。"我说道，"我转眼间就能盗走你的力量，让你变得像孩童一样孱弱。"

这位壮汉对我的话嗤之以鼻。

"请到这里来，"我说，"举起这个箱子。"

"就这样？"

"稍等一下，"我摆出一副严肃的表情，做出命令的手势，口中念念有词道，"你现在比女人还要柔弱……再试着举起这个箱子。"

这位壮汉全然无惧于我的魔法，径直走向箱子。不过这一次，他没能将箱子举起来。不管他使出多大的力气，箱子就像生了根一样纹丝不动。这位大力士使出的力气确实足以举起很重的物体，却举不起这个箱子。他精疲力竭，气喘吁吁，最后满面通红地离开了舞台。这下他终于相信了我的魔法。

这个戏法的奥秘其实非常简单。放置铁皮箱的位置实际上是一个强大的电磁铁的磁极。在没有电流通过的情况下，提起箱子不是难事，但是一旦电流通过线圈，即使是3个壮汉也提不起这个箱子。

电磁铁在农业方面的用途

磁铁还有一种更为有趣的用途：它能帮助农民除掉作物种子里的杂草种子。杂草的种子上有绒毛，它会附着在路过的动物的毛上，从而播撒到远离母株的地方。农民利用杂草在漫长的生存斗争中演化出来的这一特点，通过磁铁将有毛的杂草种子从亚麻、三叶草、苜蓿等作物的光滑种子中分离出来。方法如下：在混入杂草种子的种子里撒上磨碎的铁屑，这些铁屑会附着在杂草毛茸茸的种子上。接着我们用磁力足够强大的电磁铁去吸这些种子，所有粘着铁屑的种子就会被吸出来。

磁力飞行器

在本书的第一章中，我提到过法国作家西哈诺·德·贝尔热哈克的《月球简史》，这部小说鲜活生动，很有趣味。小说里描述了一种以磁力为动力的飞行器，一位主人公就是驾驶这样的飞行器飞往月球。我将这段内容摘录如下：

我叫人制造了一辆重量很轻的铁车，当我舒服地坐稳后，我将一个磁球向上抛，铁车紧接着蹿到空中。每当铁车被磁球吸引上升，我就再次抛出一个磁球。在我一次又一次地抛出铁球之后，铁车将我带到了月球上。由于我手里紧紧攥着磁球，所以小车还安稳地载着我。为了不在降落的时候摔断脖子，我仍然将球一次次地向上抛，用磁球的引力延缓铁车的降落，在离月球表面六七百码（1码约为0.91米）的时候，我开始将球抛向与降落方向呈直角的方向，直到铁车靠近月球表面，我才跳出铁车，落到了沙地上。

　　没有人——哪怕是作者西哈诺·德·贝尔热哈克本人——会认为这个计划是可行的。但我想，不是所有人都能准确地说出这背后的原因。这到底是因为坐在铁车里不能抛起磁球，还是因为铁车不会被磁球吸引？或者还有其他的原因？

　　实际上，我们可以将磁球向上抛，而且如果磁球的磁力足够大，它完全可以吸引铁车。但即使这样，飞行器也不会向上移动。

　　你在乘坐小船时，有没有向岸边抛过重物？如果你有过这样的经历，那你一定会发现这时候小船会被推离河岸，因为你作用在重物上的力，同时也作用在你的身体上，将你和小船推往相反的方向，这就是我们反复提到的作用与反作用定律的一种表现。在抛出磁球的时候，也会发生同样的现象。当铁车里的人费力地将磁球抛到空中（因为磁球对铁车有吸引力），反作用力会将铁车向下推，当铁车和磁球相互吸引而彼此靠近的时候，它们只是回到了原来的位置。因此，即使铁车轻如羽毛，用抛磁球的方法也只能让它在原地打转，无法让它飞入云霄。

　　西哈诺·德·贝尔热哈克写这部小说的时间是17世纪中叶，那时作用与反作用定律还没有被发现。因此委实不必要求这位法国讽刺作家对这个不切实际的想法做出合理的解释。

悬棺

有一天，一位工人在使用电磁起重机时发现电磁铁吸起了一个很重的铁球，不过，由于铁球连着一根固定在地面上的铁链，所以铁球没有与电磁铁直接相贴，它们之间还留有一掌宽的空隙。巨大的磁力使连在铁球上的铁链笔直地竖立着，即使工人爬到了上面，铁链仍旧竖直不动（顺便提一下，这里说明电磁铁具有巨大的吸引力，因为磁铁的磁极与被吸引的物体之间的空隙越大，它的吸引力就越弱。一块马蹄形磁铁在直接接触物体的情况下能够吸引100克的物体，但假如在它和物体之间插一张纸，那么它就会失去一半的吸引力。因此尽管油漆能够起到防腐的作用，磁铁的末端也从不会涂上油漆）。这时一位摄影师恰好路过，就把这个画面拍了下来，照片中的工人悬在半空中，就像传说中躺在悬棺里的人一样。

据说，悬棺是因为磁铁的吸引力而悬在空中，这听上去似乎不无可能，有些人造磁铁的确能举起100磅（1磅约为0.45千克）的重物。

但这种解释是站不住脚的。采用这种方法（利用磁铁的吸引力）只能让棺椁维持瞬间的平衡，因为即使是最轻微的颤动，哪怕是一呼一吸，都会对平衡状态产生影响，棺椁要么会掉到地上，要么会被吸到墓室顶部。从实际情况上来看，我们无法让棺椁悬停于半空，就像不能让圆锥体倒立一样，尽管从理论上来说圆锥体是可以倒立的。

不过，我们可以在磁铁的帮助下模拟"悬棺"现象，只不过我们利用的是磁铁与物体之间相互排斥的力，而不是相互吸引的力（即使是学习过物理的人也很容易忘记，磁铁不仅具有吸引力，还具有排斥力）。众所周知，同性的磁极相互排斥，将被磁化的两块铁的同性磁极叠放在一起，就会出现相互排斥的现象。假如放在上面的那块磁铁重量合适，我们可以很容易地让它在稳定的平衡状态下悬浮在下面那块磁铁的上方，而不接触到下面的那块磁铁。此外，我们还需要使用无法磁化的材料（例如玻璃）制作支柱，使上面的那块磁铁不在水平面上转动。按照这样的方法，传说中的悬棺便完成了。

最后我想补充一点，当运动中的物体受到了磁铁的吸引力，这种悬浮现象也会出现。物理学家 B.P. 温伯格教授以这一原理为基础，设计出了一种摩擦力为 0 的电磁铁路（图 90）。我认为他的设计非常有建设性，值得为诸位读者详细介绍。

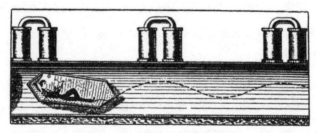

图 90　温伯格教授设计的无摩擦铁路

电磁运输

在温伯格教授设计的电磁铁路上，车厢是没有重量的，因为它的重量被电磁铁的吸引力所抵消。这些车厢不在铁轨上行驶，也不在水中或空中航行，而是在无支撑、无接触的情况下，悬于无影无形却力量强大的磁力线上。由于车厢不会受到摩擦力的影响，所以它们启动后就会通过惯性继续运动，不需要机车牵引。

它的工作原理如下：车厢在真空的铜质管道中运动，不会受到空气阻力的影响，在运动过程中，车厢也不会受到摩擦力的影响，因为它不会接触管壁，而是靠电磁铁强大的吸引力悬浮在半空中。为了牢牢地吸住车厢，管道上每间隔一段距离就要安装一块强力的电磁铁。磁铁的吸引力应该让列车始终悬浮在管道的"天花板"和"地板"中间。电磁铁吸引着车厢上升，然而车厢还受到重力作用，在它撞上天花板之前，重力会将它拉向地面，在它掉到地上之前，电磁铁的吸引力又会使它上升……如此一来，车厢就会沿着波浪形的轨迹在半空中飞驰，不受摩擦，亦无须动力，仿佛运行于宇宙中的一颗行星。

车厢长约2.5米，高约90厘米，形状似齐柏林飞艇。由于在真空环境中运动，车厢采用筒体密闭的结构，并像潜水艇一样配备了空气净化系统。启动列车的方式就像发射炮弹，只不过这是一枚"电磁炮"。发射列车的车站具有螺线管的性质：在通电的情况下，螺线管的导线以极快的速度吸引铁芯，假如线圈特别长，电流特别强，铁芯就能获得极高的速度。磁力列车就是靠这

种力量启动的。由于管道内没有摩擦，列车的速度不会降低，它
会在惯性的作用下飞驰，直到车站关停电流使它停止运动。

以下是设计者提出的具体细节：

1911至1913年间，我在托木斯克理工学院的物理实验室
中进行了多次实验。我在一根直径为32厘米的铜管上安装了
许多块电磁铁，然后在电磁铁的支架上放上一辆用铁管模拟的
小车，小车前后安装了轮子，前面有一个凸起的"鼻子"，当
它的"鼻子"撞在一块由沙袋支撑的木板上的时候，小车就会
停止运动。这辆小车重10千克，速度大约是6千米/时，由于
房间以及环形管（直径为6.5米）的空间有限，小车无法超越
这个速度。但根据我的测试，倘若出发站采用3英里长的螺线
管，列车能轻松达到800千米/小时至1000千米/小时的速度，
而且由于列车与管道的天花板和地板之间没有摩擦，所以行驶
过程中不会消耗能量。

虽然建造这套设施（尤其是铜管）需要花费高昂的费用，
但列车不消耗能源，也无须驾驶员和乘务员，列车每千米
的运营成本不会超过千分之几到百分之一二戈比，而双线
铁路的单程运输量能够达到惊人的15000名乘客或1000吨
货物。

火星人对决地球人

古罗马博物学家普林尼曾记录过一个神奇的故事，故事发生在印度海边，那里有一座磁力巨大的磁岩，它能够吸引任何铁质的物体。当不幸的水手驾船驶近磁岩，船体就会分崩瓦解。这则故事后来被写入了《一千零一夜》。

当然，这仅仅是一则传说。不过磁岩，或者说磁铁矿储量丰富的山的确存在，但是这种山的吸引力微乎其微。普林尼所描述的磁岩在地球上从未存在。现在我们并不经常用钢铁制造船的部件，但这并不是因为我们害怕磁岩，而是为了方便进行地磁测量。参加了1957年至1959年地球物理年活动（IGY）的苏联船只——"曙光号"，就完全是用非磁性材料（如纯铜、青铜、铝等材料）取代钢铁打造而成。

科幻小说家库尔德·拉斯维茨以普林尼记录的传说为灵感，创造出一种强大的电磁武器——在他的小说《在两个行星上》，来自火星的侵略者使用这种武器来解除地球人的武装，使地球人未战而先败。

以下是关于这场交战的情节：

骁勇善战的骑兵战士直驱向前，他们无畏的意志震慑住了火星敌军，敌军的飞船飞上了高空，似乎意欲撤退。

然而就在这时，从飞船上落下一片黑压压的阴影，它就像一条铺开的床单，笼罩在战场上空。先遣骑兵团被它的魔力所控制，刹那之间，战场上传来凄厉的惨叫，骑兵和马匹倒在地上动弹不得，密密麻麻的刀枪噼里啪啦地升向空中，全都被吸附在火星人诡异的武器上面。

这个武器稍稍转向旁边，就把铁质的兵器都丢到了地上，它来回转了两次，就把士兵们的刀枪长矛全部虏获了。

这个武器是火星的最新发明，只要是钢铁制造的物体，都逃不开它的吸引力。火星人利用这块在天上盘旋的磁盘，未耗一兵一卒就将地球人的武器统统收缴。

磁盘又飞向了步兵，步兵们紧紧地抓着他们的武器，徒劳地抵抗着这股强大的力量。然而他们的武器纷纷被吸走，许多不肯放手的士兵连人带枪都被吸到了空中。几分钟的时间里，先遣团的武器被全部缴获。磁盘又追往城中，用相同的方法去缴获另一个团的武器。

结果炮兵团也遭遇了相同的事情。

钟表与磁力

读完了上一小节，我们不禁会问：可否用一层磁力无法穿透的屏障来屏蔽磁力的作用呢？这种想法其实是可行的。假如我们预先采取适当的措施，那么火星人的先进武器就无法发挥功用了。

说来奇怪，容易被磁化的铁竟然是磁力无法穿透的物质。铁环中间的指南针，不会受到环外磁铁的吸引。怀表的铁壳也可以保护表内的钢质机件不受磁力影响。假如你把一块金表放在强力的马蹄形磁铁的磁极上，那么所有的钢质机件都会失灵，首先游丝被磁化后（前提是手表游丝不是由一种叫因瓦合金的特殊合金制成的，尽管因瓦合金含有铁和镍，但它不会被磁化），表就会停摆。即便我们将磁铁拿走，表也无法恢复如初，因为钢质机件仍保留磁性。若想让表重新转动，就必须更换表内的机件，所以切勿用金表做这样的实验，因为付出的代价太过高昂。

不过，如果你的手表盖是铁质或钢质的，那么你就可以大胆地做这个实验了，因为钢和铁不受磁力影响。即使把它放到高功率发电机的线圈附近，它也一样会正常运转。这些便宜的铁壳手表是电气工程师和技术员的理想选择。

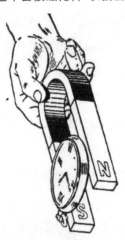

图91　怎样防止表的钢质机件磁化

磁力永动机

在众多永动机设计稿中，磁铁与磁力的出现频率非常之高。发明者们绞尽脑汁，想要将磁力应用于这一领域。下面我们来看一种磁力永动机的设计方案（设计者是17世纪切斯特城的约翰·威尔金）。

柱子上放有强力磁铁 A（图 92），两根上下叠放的凹槽 M 和
N 倚靠着柱子，上方的凹槽 M 在顶部有一个小孔 C，而下方的
凹槽 N 是弯曲的。将小铁球
B 放在上方的凹槽里，在磁
铁 A 的吸引下，它会向上滚
动。在到达小孔时，它会穿
过孔洞掉到凹槽 N 中，一直
滚到凹槽的末端，接着在惯
性的作用下沿着转弯处 D 重

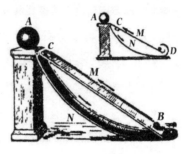

图 92　假想的永动机

新滚上来，回到凹槽 M 中。然后，小球会再次被磁铁吸引，再
次向上滚动，再次穿过小孔滚下去，再次沿着转弯处回到上方的
凹槽……发明者猜想，如此一来，小球会无休无止地滚动，实现
永动。

　　他的想法在哪里出错了呢？其实这个设计中的漏洞不难发
现。发明者想当然地认为，小球从凹槽 N 滚落后，会有足够的
动能沿着转弯处 D 回到凹槽 M。假如小球只受到重力影响，那
么这种情况是可能发生的。然而，小球还受到第二个力——磁吸
引力的影响。磁吸引力威力强大，它能将小球吸到 C 处，所以
小球在沿着凹槽 N 滚动的时候并不会加速。相反，它会以非常
缓慢的速度下落，即使它能够到达底部，也不会有足够的动量绕
过弯曲处回到凹槽 M 中。

　　在这个方案的基础上，人们进行了一次又一次的修改，有意

思的是，在1878年，即在能量守恒定律提出的30年之后，一位发明家在德国获得了类似设计的专利权。它巧妙地掩饰了永动机的概念，蒙骗了专利颁发机构。按照相关规定，违反自然规律的发明没有获得专利权的资格，但这项发明是一个例外，发明者因此成为了唯一一位拥有永动机专利权的人。然而，也许是这项发明令这位骄傲的发明家失望了，仅仅在两年之后，他就放弃了收取专利税，现在任何人都可以使用这项"发明"，只不过没什么人用得到。

博物馆的难题

博物馆的专家们在破译古卷时，即使再小心翼翼，也难免会撕裂粘连的书页。怎样做才能解决这个难题呢？

苏联科学院有一个专门的文献修复实验室来处理这类难题。在实验室中，专家们会给古籍供电，让相邻的书页获得同性的电荷，这样一来书页之间就会彼此排斥，也就能毫无损伤地分离开来。经过这种方式处理的书页无论是翻阅还是裱糊都容易得多。

另一种幻想的永动机

最近，在永动机的发明者中间，将动能和电能相结合的想法大受欢迎。每年我都会收到许多类似的来稿，让我为这些设计提供建议。这些设计大致可以总结如下：将电动机和发电机的滑轮用一条传动带连接，将发电机的电线安装在电动机的上面。如此一来，给发电机一个初始动力，它产生的电能就能使电动机运作，而电动机产生的动能又会带动发电机运作。发明者推断，两台机器采用这样的方式就能互相推动，循环永动，直到磨损坏掉。

这个设计听上去非常具有吸引力，但付诸实践的人会发现，在实际条件下，机器并不能如愿运作。其实这样的结果是可以预见的，即使两台机器的效率可以达到100%，它们也只能在没有摩擦的情况下才能维持运作。连接在一起的两台机器——或者按照发明者的说法，称它为"联动机组"——本质上是进行内部运作的一台机器。在不受摩擦的情况下，它可以像滑轮一样无休止地运动，但这种运动不会带来任何实际用途，只要让它对外做功，它就会停下来。我们得到了永动现象，但没有得到永动机。更何况只要存在摩擦，这台联动机组就不会一直运转。

说来奇怪，想用这种方法得到永动机的发明者们，偏偏忽视了一种最简单的方案：用皮带将两个滑轮连在一起，然后转动其中一个滑轮。按照同样的思路，第二个滑轮会被第一个滑轮推动，而第一个滑轮又会带动第二个滑轮。或者我们换用一个滑轮组，将右边的滑轮转动起来，左边的滑轮就会被推动，而左边的滑轮又会带动右边的滑轮。由此我们不难看出单单追求永动现象的荒谬之处，不知道联动机组的追捧者们看过这两个方案后会做何想法。

近似永动机

我想，严谨的数学家们会对近似永动的想法嗤之以鼻，在他们看来，要么永动，要么不能永动，近似永动等于不能永动，但现实中很多人抱有不同的想法，倘若能得到一台持续运行千年的近似永动机，也是一个令人满意的结果。人的寿命在千年的光阴面前是何其短暂，因此我们将千年视为永恒。务实主义者们认为，近似永动机可以为永动机难题画上句号，那么这种想法是正确的吗？

实际上，已经有人发明了能够运转一千年的近似永动机。只要肯花大价钱，每个人都能买上一台。这项发明没有专利，也不是机密。它是斯特雷特教授在1903年设计的，人们将它称作"镭钟"，它的结构并不复杂（图93）。在真空的玻璃瓶中，不导电的石英线 B 连着一个小玻璃管 A，玻璃管中装有1‰克镭，管的末端像验电器一样，悬着两条金片。我们知道，镭可以放射 α、β 和 γ3 种射线。在这种装置中，能够轻松穿透玻璃的、由负电子构成的 β 射线起到了主要作用。被镭放射至各个方向的电子带走了负电荷，而将正电荷传递给玻璃管，这些正电荷随后传至金片上，使金片向两旁分开。被正电荷分开的金片刚一碰触到瓶壁，它所携带的电荷就会被贴在瓶壁相应位置上的金属片导走，金片就会合拢。金片进行一次开合循环的时间为2分钟至3分钟，它摆动的样子就像钟表里的钟摆，因此被人们称为镭钟。只要镭能够持续放射射线，这块镭钟就能运作1年、10年乃至100年。然而我们动动脑筋就会发现，这并不是真正意义上的永动机，而只是一台无成本发动机。

镭能够放射多久呢？科学家们推算，1600年后，镭的放射能力会变为原来的一半，所以镭钟至少能够运动1000年，在这之后，由于电荷越来越弱，它会逐渐停止摆动。

这台无成本发动机有什么样的用途呢？遗憾的是，没有。它每秒所做的功微乎其微，产生的动力不足以带动任何机械运动，只有使用大量的镭才能达到效果。然而镭是极为稀有和昂贵的元素，因此这种无成本发动机的成本其实是非常高昂的。

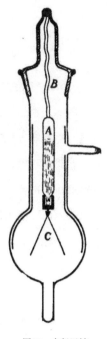

图93　自行运转的镭钟

饮水鸟

有一种叫作"饮水鸟"的玩具，任谁见了都会觉得新奇有趣。这个玩具是这样玩的：把小鸟放在一个水碗前，然后把鸟嘴浸入水中，小鸟"饮饱"之后就会抬起身子恢复原样，过一会儿，它会再次俯下身子"饮水"，然后再次抬起身子。这个玩具是一台典型的无成本发动机，它的运动原理非常巧妙。请看图94，玩具鸟由一根玻璃管和两个球状的密闭容器组成，稍小一些的球体是鸟头，稍大一些的球体是鸟肚子，鸟肚子中装有乙醚，乙醚液面的高度要高于插在容器中的玻璃管末端。

若想让小鸟自行"饮水"，我们要先把鸟头浸入水中，在一段时间之内，小鸟没有完全俯下身子——因为装有乙醚的鸟肚子比鸟头要重，过了一会儿，我们看到乙醚逐渐升上玻璃管中（图95），鸟身由于重心上移而前倾，这样一来，鸟嘴就浸入了水碗中。玻璃管末端的位置高于鸟肚子中的乙醚液面，于是玻璃管

图94　饮水鸟

中的乙醚流回鸟肚子中，小鸟因此变回直立的姿势。这就是饮水鸟的运动原理：随着乙醚的流动，鸟的重心发生改变。

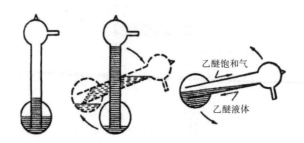

乙醚饱和气

乙醚液体

图95　饮水鸟的奥秘

那么，乙醚为什么会升入玻璃管中呢？因为乙醚在室温下极易挥发，温度变化会使乙醚饱和气施加的压力发生变化。

当小鸟保持直立姿势时，上方的鸟头和下方的鸟肚子分为两个乙醚蒸气区域。

鸟头由易吸水的材料制成，水在急剧蒸发时会大量吸热，这时鸟头的温度会低于鸟肚子的温度，鸟头中乙醚饱和气的压力减小，鸟肚子中的气压迫使乙醚液体升入玻璃管。于是鸟的重心上移，鸟身随着乙醚液体的上升而前倾。这时发生了两个独立的过程：首先，鸟头浸入水碗中，包裹鸟头的棉布被浸湿；其次，鸟头和鸟肚子中的乙醚蒸气混合，两个区域的气压变得一致，乙醚液体在自身重力的作用下倒流回鸟肚子中，使小鸟再次摆直身子。

只要周围的空气湿度不是太大且包裹鸟头的棉布被浸湿，饮水鸟就会持续不停地俯身饮水。这两个条件将保证水分正常蒸发和随之产生的鸟头温度的下降，这也说明了周围的温度会影响到小鸟"饮水"的动作。

地球的年龄

放射性元素的衰变规律为科学家们测定地球年龄提供了可靠依据。

可能有读者会问，什么是放射性衰变呢？它是一种原子核向另一种原子核的"自我转化"，转化速度不受温度、压力等任何外部因素的影响（除非温度达到了几亿摄氏度）。

　　一些天然矿物中含有的铀、钍和锕元素是放射性衰变系的"始祖"核素，每个衰变系都由一系列按特定衰变关系相关联的放射性核素所组成。铀放射系、钍放射系和锕放射系的最终衰变产物都是铅，但这些铅的原子量与正常的铅的原子量有些不同。正常的铅原子量是氢原子量的207倍，而铀放射系、钍放射系和锕放射系的最终衰变产物的原子量分别是氢原子量的206、208和207倍。因此我们不难将它们做出区分。

　　此类α衰变的发生必然伴随着α射线的放射，α射线是带有正电荷的α粒子束，α粒子即轻质惰性气体氦的原子核。在放射之后，高速运动的粒子很快就会失去正电荷，在矿物中沉淀为普通的氦核。正是因为这个原因，我们在所有放射性矿物中都会发现氦。然而，通过氦的含量来测定矿物年龄的方法实在不可取，因为氦同其他轻质气体一样，极易挥发。

　　那么我们是否可以通过测定矿床中铅的含量，来对地球的年龄做出更准确的估计？20世纪40年代初，英国地质学家霍姆斯根据对不同矿床的铅含量的测定，得出结论：地球的年龄为35亿年。但事实上，他测定的不是地球的年龄，而是地壳的年龄。而且他还抱有一种过时的想法，认为地球最初是太阳分离出来的。

　　1951—1952年，A.P.维诺格拉多夫院士在分析了所有可用数据后得出结论：仅根据铅的含量，不可能测算出地球的年龄。我们只能推测，地球的年龄不超过50亿年。同一时间，研究人员发现了一些古老的矿物，这些矿物的年龄在30亿年左右。此后，又有科学家根据两种铀同位素（原子量分别为235和238）衰变的速度，推算出地球的年龄在50亿至70亿年间。

因此，我们推测地球大约有60亿年的历史。这一数字应当是比较准确的，因为各种方法都指向了这个结果（倘若读者对地球和行星的起源、年龄及构成感兴趣，不妨参考B.Y.列文的著作《地球与行星的起源》）。与地球60亿年的历史相比，人类的历史不可谓长久，而人类的寿命更是短如一瞬。

电线上的小鸟

众所周知，电车上的电线非常危险，人或动物一旦碰到了断落的电线，就很可能被电死。既然如此，为什么小鸟能够平安无恙地站在电线上呢（图96）？

图96　为什么小鸟能够安然无恙地站在电线上

若想要理解这种矛盾的现象，我们首先要弄清这样一点：停在电线上的小鸟，相当于电路的一个分路，与其他的分路（这里指的是小鸟两脚之间的那段电线）相比，这个分路的电阻要大得多，所以这个分路的电流非常小，对小鸟不造成任何伤害。但如果小鸟的翅膀、尾巴、鸟喙等任何部位碰到了电线杆，电流就会通过它的身体流到地里，小鸟会被瞬间电死。我想诸位读者应当都目睹过这样的场景（导致生物体死亡的是通过它的电流，而由于生物体具有的电阻是固定的，所以通过它的电流取决于它的对地电压比）。

　　小鸟站在高压线上时，惯于啄食电线。而由于电线杆和托架与地面相连，小鸟的身体一旦碰到了通电的电线，就会触电身亡。这种情况时常发生，因此德国采取了一些特殊的鸟类保护措施，他们在高压线的托架上安装绝缘的栖木，这样小鸟在啄食电线时也不会触电（图97）。有时，为了使小鸟远离危险，通电的电线上会罩上一层防护罩。

图97　高压线上的绝缘栖木可保护小鸟不触电

闪电光芒下

在雷雨交加的夜晚，你是否曾在电闪雷鸣的一瞬瞥见繁忙的街景？想象一下你在商店中避雨时看到了这番奇妙的情景。在闪电光芒下，熙熙攘攘的街道仿佛在瞬间冻结，疾驰的马车停在了原地，车轮上的辐条清晰可数。

我们之所以会有这种时间定格的错觉，是因为闪电光芒与电火花一样，持续时间非常短暂，我们平常测量时间的方法无法测量到它。不过，科学家们已经用间接的方法测明，闪电持续的时间从0.001秒到0.02秒不等（云中的闪电持续的时间较长，约为1.5秒）。在如此短暂的时间内，物体无法做出明显的位移。所以在闪电的照耀下，繁华的街道似乎在瞬间变为静止。毕竟我们在闪电下看到物体的时间不足1‰秒，在这样短的时间里，马车辐条只能运动万分之一毫米，肉眼根本无法捕捉到这样的位移。此外，影像留在视网膜上的时间远远超过闪电持续的时间，这进一步增强了时间定格的假象。

闪电的价值

古人认为闪电是神明的化身，询问闪电的价值会被视作亵渎神明。然而在今天，电能已经变成了一种商品，它就像其他商品一样，可以明码标价。这时候提问闪电的价值已经不会被认为是胡言乱语。那么我的问题是：闪电消耗的电能是多少？按照照明用电的计价标准，闪电的价格是多少？

参照最新的数据，我们可以进行一下推算。闪电释放的电压相当于50000000伏，此时最大的电流强度是200000安（这一数据是根据打雷时避雷针引到线圈的电流对铁芯磁化的程度确定的），两数相乘可以得到电功率。但是我们还要考虑到一点，放电时电压会持续降低直至为0，所以计算闪电消耗的电能时，需要代入平均电压，也就是初始电压的一半。算式为：电功率 $= \dfrac{50000000 \times 200000}{2} = 5000000000000$ 瓦。

看到这带有一长串0的数字，我们会自然而然地认为闪电的价格也是一个庞大的数字。但因为考虑到这个数字要换算成千瓦/时（照明用电的计电单位），所以得出的结果会减小不少。闪电放电的时间大约持续1‰秒，因此这段时间消耗的电能约为 $\dfrac{5000000000000}{360000000} \approx 14000$ 千瓦/时，根据每千瓦时的电费，闪电的价格可以算出。

这个结果让人颇感意外。闪电放电的能量比重型火炮发射的能量大100多倍，价格却不贵。

值得一提的是，在不久的将来，我们可以利用电气技术制造出人工闪电。在实验室里，科学家们已经制造出了长度约15米，电压在300万伏至500万伏之间的火光，但跟自然界的闪电相比，它的威力还差得很远。

室内的雷雨

在室内建造一座微型喷泉并非难事：我们可以将橡皮管的一端放在位于高处的水桶中，或者接在水龙头上。另一端的出水口必须非常狭窄，这样水才能喷涌而出。最简单的方法是插上一根去芯的铅笔或一个漏斗，如图98所示。

图98　室内的雷雨

让喷泉向上喷出半米高的水花，然后准备一根火漆棒或一把绒布摩擦过的硬橡胶梳子，把它放在喷泉旁边。喷涌的水花在落下时会合成一股汹涌的水柱，当水柱流入接水盘时，会发出响亮的噼啪声，让人想到雷雨的声音。物理学家博伊斯在谈到这种现象时说："毫无疑问，雷雨的雨滴就是因为这个原因才变大的。"如果我们将火漆棒或梳子拿开，喷泉又会喷出细细的水柱，雷雨般的声音又变成了轻柔的流水声。你完全可以在不明真相的宾客面前表演这个把戏，把手中的火漆棒说成是一根魔棒。

这种现象之所以会产生，是因为水滴在感应后带电，距离火漆棒稍近一些的水滴带上了正电荷，稍远一些的水滴带上了负电荷，正负电荷的水滴在靠近后会彼此吸引，合成一股水流。

有一个简单的方法可以帮助你确认电对水流产生的影响：用硬橡胶梳子梳一梳头发，然后将梳子放到拧开的水龙头旁边，这时，水流会明显变大，并朝着梳子的方向，形成一道弧线（图99）。这个现象的成因比刚刚解释的现象更为复杂，它涉及水流表面张力的变化。

图99　带电的梳子靠近水龙头之后，
水流会向梳子偏斜

第九章

光的反射、折射与视觉

多角度人像照片

图100向我们展示了一张神奇的照片，这张照片呈现了同一个人在5种不同角度下的姿态。与普通的照片相比，这种照片在展现人物特征时更加全面。对追求展现人物特征的摄影师来说，这种照片能帮助他挑选一个最具有表现性的角度进行拍摄。

这种照片是如何拍摄的呢？我们需要准备一面镜子作为道具

图100　照片显示出同一个人在5种不同角度下的姿态

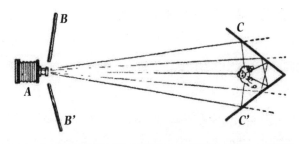

图101　如何拍摄多角度照片（照相的人坐在两面竖立的镜子 CC' 之间）

（见图101）。被拍摄者背对着相机 A 坐着，他的对面是两面竖直的平面镜 CC'，CC' 之间的角度是360度的 $\frac{1}{5}$，也就是72度。这样一来，两面镜子就会反射出4个不同视角的人像，再加上背对相机而坐的真实人像，相机拍摄到的人像就是5个。镜子未镶有镜框，所以不会出现在照片中。同时，为了防止镜子中映出相机，要在相机前放置两张屏风 BB'，在屏风中间给相机留出一条缝隙。

反射的人像数量取决于两面镜子之间的角度，角度越大，人像的数量就越多。角度为90度（360∶4），人像数量为4个；角度为60度（360∶6），人像数量为6个；角度为45度（360∶8），人像数量为8个，以此类推。不过，人像的数量越多，清晰度就越差，所以摄影师通常只拍摄5个人像的照片。

太阳能发动机与加热器

利用太阳能作为发动机的动力是一个极具吸引力的想法。科学家们已经计算出大气顶层垂直于太阳光线的每平方厘米每分钟所获得的太阳能量。由于这个数值是固定不变的，所以人们称之为太阳常数，太阳常数的数值为每平方厘米每分钟2卡路里。太阳依照这个数值向地球源源不断地供给热量，但不是所有热量都能达到地球表面，每2卡路里的热量中约有0.5卡路里的热量会被大气吸收。我们可以认为，地球表面垂直于太阳光线的每平方厘米每分钟大约获得1.4卡路里的热量，即每平方米每分钟获得14000卡路里或14千卡，或者每平方米每秒获得近1/4千卡的热量。1千卡热量可以提供427千克米（约为4184焦耳）的功，所以垂直落在1平方米地面上的太阳光每秒可以提供100千克米（约为980焦耳）以上的能量。

图102　太阳能热水器

228

图103 太阳能冷库

但是，只有在太阳光直射地面，且热量全部转化为功的情况下，地面才能获得这么多的能量。若想利用太阳能作为动力，我们还有很长的路要走。目前，大多数太阳能装置的效率还不足6%，查尔斯·阿博特教授研制出的最高效的太阳能装置，效率也仅为15%。

比起将太阳能转化为机械能，将太阳能转化为热能则要容易得多。在撒马尔罕有一座专门的太阳能研究所，那里的技术人员设计和测试了多项太阳能装置，包括太阳能浴房和热水器。太阳能热水器的平均效率为47%，最高效率可达61%。同类的装置还有太阳能冷库，技术人员对它进行了测试。冷库背阴处的温度为42摄氏度时，冷库内的温度可以达到 −3摄氏度～ −2摄氏度。这是第一座利用太阳能的工业冷库。

在实验中，技术人员利用太阳能熔炼熔点为120摄氏度的硫，最终获得了令人满意的结果。在里海和咸海沿岸，太阳能被用作蒸馏淡水。在中亚地区，太阳能水泵取代了原始的水泵。除此之外，太阳能还有其他的用途，比如，厨房中的太阳能炉灶，食品厂中用来烘制果干和鱼干的太阳能烘干机等。太阳能的功用之广，此处难以——列举。但我们要知道，太阳能对中亚、高加索等地区的经济具有重要意义。

隐身帽

在古老的传说中，有一顶魔法帽，凡是佩戴上它的人，都可以隐匿身形。著名的俄国诗人亚历山大·谢尔盖耶维奇·普希金在他的长诗《鲁斯兰与柳德米拉》中曾对这顶神奇的帽子有过一番经典的描述：

少女的脑海中闪过一个念头，
她将巫师的帽子戴在了头顶。
柳德米拉将帽子转来转去，
正着戴，歪着戴，倒着戴，
巫师的魔法帽子多么神奇，
当她将帽子转向后，
奇迹就会发生。
柳德米拉的身影消失在镜中，
当她把帽子转向前，

她的身影又出现在镜中。再次转动帽子，

柳德米拉又消失不见。

"啊哈！我亲爱的老巫师，

我真要对你说声感谢，

如此一来我可重获自由，

安然无恙，远走高飞！"

在隐身帽的帮助下，被俘的柳德米拉从看守她的士兵面前逃脱。士兵们看不见她，只能通过她的足迹来追寻她的身影。

如今，科学技术让许多传说中的奇迹都成为现实。我们可以穿越高山，捕捉闪电，搭乘"飞毯"……那我们能不能发明一顶隐身帽，或用其他方式让自己隐身呢？接下来，我们来聊一聊这个话题。

隐身人

作家 H.G. 威尔斯在其小说《隐身人》中力图向读者们证明，人是可以隐身的。小说中的主人公是世界上顶尖的物理学家，他发明了一种隐身术，并向一位医生描述了隐身术的原理。我将这一片段摘录在下：

231

"我们之所以能够看见一件物体，是因为它能够吸收、反射或折射光线。倘若物体不吸收、不反射也不折射光线，那么它就不会被看到。比如说，如果我们看到一个不透明的红色箱子，那是因为红色的涂料吸收了一部分光线，把其他的光线反射了出去。如果这个箱子不吸收任何光线，而是把光线全部反射出去，那我们看到的就会是一个银闪闪的白箱子。钻石盒子不会吸收太多的光线，也不会反射太多的光线，只有箱棱处才会反射和折射光线，我们只能看到闪烁的反射光，这样的箱子看上去就像一个发光的骨架。玻璃盒子相比之下就没有那么耀眼，因为玻璃上反射和折射的光线较少。如果把一块普通的白玻璃放在水里，或放在密度比水更大的液体里，那它几乎就会从我们眼前消失，因为透过液体射到玻璃上的光线，只受到轻微的折射或反射。此时的玻璃就像飘浮在空气中的二氧化碳或氢气一样，隐去形状，消失不见。"

　　"没错，"坎普医生说，"这种现象平平无奇，就连学生都知道它的原理。"

　　"是啊，学生们还知道，玻璃被捣碎后会变成在空气中分明可见的白色粉末，这是因为碎玻璃的表面积比整块玻璃的表面积更大，所以它折射和反射的光线也更多。玻璃片只有两面，而碎玻璃的每个颗粒都能反射和折射透过它的光线，所以透过它的光线很少。如果把白色的玻璃粉末倒入水中，它就会立刻消失，因为碎玻璃与水的折射率几乎相同，也就是说，光线从水进入玻璃时，几乎不会发生折射或反射。

"把玻璃放在任何折射率与它相同的液体中，都能使它隐形。换句话说，把透明的物体放在折射率与它相同的介质中，这个物体就会隐形。想象一下，如果我们能让玻璃的折射率和空气的折射率相同，那么玻璃也能在空气中隐形，因为光线从玻璃射入空气中之后，不会再发生反射或折射。"[1]

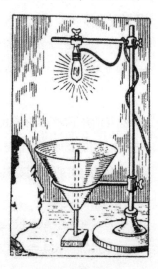

图104　隐形的玻璃棒

　　"对，你说得没错，"坎普说，"但人可不是碎玻璃啊！"

　　"不，"格里芬说，"人比碎玻璃还要透明！"

　　"一派胡言！"

　　"才过了10年，你就完全忘记了学过的物理学知识吗（所有的东西都是透明的，虽然它们看上去各有颜色）？回想一

1　如果我们将一个透明的物体放在四周都可以均匀散射光线的地方，这个物体就可以隐形。它的原理并不复杂：当我们从一个窄小的侧孔向物体望去时，我们的眼睛就会从物体的每一个点接收到相同量的光线，这个物体看上去就像隐形了一样，因为没有任何光亮或阴影显示出它的存在。我们不妨进行一个实验，步骤如下：用白色纸板做一个直径为半米的漏斗，如图104所示，将它放置在25瓦灯泡的下方，接着从漏斗的窄端插入一根玻璃棒，玻璃棒必须完全竖直，因为稍有偏斜，玻璃棒就会变为一道边缘发光的暗影或一道边缘昏暗的光晕，如果我们轻微地转动玻璃棒，暗影和光晕就会交替显现。我们需要反复调试，让光线均匀地落在玻璃棒上。然后，我们通过一个直径不超过1厘米的窄小侧孔向漏斗内望去，就会发现玻璃棒消失不见。此时，尽管玻璃的折射率与空气的折射率大不相同，但玻璃棒还是能完全隐形。还有一种方法可以使钻石纹玻璃隐形，那就是将它放在一个内部涂有发光涂料的盒子里。

下，纸是由透明的纤维制成的，它之所以发白而不透光，与碎玻璃是同样的道理。但如果在白纸上涂油，让油填满纸纤维间的空隙，那么纸的表面就会折射和反射光，纸就会变得像玻璃一样透明。不只纸是这样的，棉纤维、亚麻纤维、羊毛纤维、木质纤维、肌肉、毛发、骨骼、指甲和神经都是这样的！人体的一切组织除了血液中的血红素和毛发中的黑色素之外，都是无色透明的，所以隐身对我们来说并不是什么难事……"

这些话并不是毫无依据的，患白化病（身体组织中缺乏色素）的无毛动物的身体就会变得透明。1934年夏天，一位动物学家在儿童村附近发现了一只患有白化病的青蛙。他对这只青蛙做了如下描述："皮肤很薄，肌肉组织透明，骨骼和内脏器官清晰可见。透过腹壁能够清楚地看到心肌的收缩和肠道的蠕动。"

在威尔斯的小说中，主人公发明了一种方法，可以让人体内所有组织甚至色素都变为透明。他成功地将发明应用在了自己身上，让自己变成了一个隐身人。接下来，让我们来看看发生在这个隐身人身上的故事。

隐身术的威力

威尔斯用清晰而缜密的逻辑向读者们证明了隐身术无可匹敌的威力。来去无踪的隐形人能够出入任何地方而不被发觉，窃取任何东西而不被责罚。他凭一人之力对抗整支精锐部队，他靠威胁恫吓挟制全城的居民。反抗的居民们既抓不到他，也伤不了他，甚至无论采取什么自保的方法，都难逃他的魔爪。无法无天的隐身人遂对惊恐的居民们说道：

从今往后，牛蒡港不再受女王的统治，告诉你们的军队和警察，这座城市听我号令！今天是新世纪——隐身人世纪的第一年第一天，我就是隐身人一世！我施政仁厚，但有人罪当论处，在第一天，我只判一个人死刑，予臣民以警示。此人名叫坎普，他尽可闭门不出，东躲西藏，或雇用护卫，穿戴盔甲，但死亡，看不见的死亡，还是会找上他。让他好好准备吧！我的臣民们将目睹他的死亡！死神的镰刀即将落下，我的臣民们，谁若是帮了他，谁就同他一块儿掉脑袋！

刚开始时，隐身人的力量太过强大，难以与之抗衡，但反抗的居民们克服了巨大的困难，历经万险终于打倒了这个妄图称帝的恶徒。

透明的标本

这部科幻小说的物理学依据是否正确呢？毫无疑问是正确的。透明的物体放在透明的介质里，如果折射率之差小于0.05，那这个透明的物体就会隐形。在威尔斯的《隐身人》出版10年之后，德国解剖学家 W. 斯帕尔特霍尔茨教授将小说里的幻想化为了现实——当然，他的实验对象不是活物，而是标本。现如今，许多博物馆里仍珍藏着利用动物部分身体或整个身体制成的透明标本。斯帕尔特霍尔茨教授在1911年制作了这些标本，他采用的方法如下：先将标本漂白洗净，接着将标本浸泡在水杨酸甲酯（一种具有很强折射作用的无色液体）之中。然后，将用这种方法制作的老鼠、鱼以及人体器官的标本放入装有同样溶液的容器内。标本无须完全透明，否则就无法被看到，这可不符合解剖学家的需求，但如果他愿意，完全可以把标本做得完全透明。

但威尔斯的想法——让活人变为透明状态——还很难完全实现。首先，我们要找到方法，在保证人体组织不受伤害的前提下，将人体浸泡在具有透明作用的溶液里。其次，制作的标本虽然是透明的，却是可以看到的。这样的标本只有浸泡在相同折射率的液体中，才会完全隐形。而空气中的标本若想隐形，就必须保证它的折射率与空气的折射率相同，但我们还不知道如何做到这一点。

不过，让我们想象一下，假以时日，我们真的能够实现威尔斯的梦想，那隐身人是否真的会像小说中所写的那样所向披靡呢？事实并非如此。威尔斯的构思的确非常周密，令人对其中的情节深信不疑，但他忽略了一个小细节，我们在下一节中展开讨论。

隐身人看得见吗

如果威尔斯在动笔之前问自己这样一个问题，或许我们就读不到《隐身人》这么精彩的故事了。正是这一点让我们意识到隐身人并非无所不能，因为他根本是个瞎子！

为什么小说里的主人公可以隐形呢？因为他的身体，包括他的眼睛都是透明的，只有这样他的折射率才能等于空气的折射率。

让我们来想一下，眼睛有什么样的作用。眼睛里的晶状体、玻璃体和其他部分都能折射光线，使外界的物体呈现在视网膜上。如果眼睛和空气的折射率相同，就不会发生折射现象，因为光线在穿过折射率相同的两种介质时，方向不会发生改变，因而也无法聚焦于一点。当光线照进隐身人的眼中时，既不会发生折射，也不会受到阻滞（隐形人的眼中缺乏感光色素，所以不会对光线产生反应。而正常人眼中的感光细胞在受到刺激后，会将光线转化为电波信号传入视觉中枢，在这一过程中光线会受到阻滞），所以隐形人什么也看不到。透明的眼睛是无法感知光线的，否则它就不会是透明的。在自然界中，将体色伪装为透明色的动物，只要有眼睛，它们的眼睛就不是完全透明的。著名的海洋学家莫里曾写道："海面下的大部分动物都是无色而透明的，当它们被网兜打捞出海面时，只有一对小小的黑眼睛可辨形状，它们的血液中缺乏血红蛋白，整个身体完全透明，因此它们的头脑中无法形成任何意象。"

总而言之，隐身人什么也看不见，他的法力无法给他带来半点好处。幻想称王称帝的他只能流落街头，乞求施舍，但没人能够帮助他，因为没人能够看到他。故事里本领通天的隐身人，实际上只是一个凄惨度日的残疾人罢了（事实上，威尔斯很有可能意识到了这个纰漏的存在，他在科幻小说中经常运用大量的现实细节来遮掩本质上的缺陷。在小说美国版的序言中，他直言道，小说里的"诡计"一旦确立，其他情节都必须写得日常而真切，故事制胜的要诀不是缜密的逻辑，而是逼真的幻觉）。

所以，按照威尔斯的方法去寻找隐形帽是没有意义的，哪怕这个方法真的成功了，结果也不令人满意。

保护色

还有一种方法可以帮助我们找到传说中的隐形帽，那就是在物体的表面涂上一层颜色，让眼睛看不到它。这种方法在自然界中十分常见，动物们利用这种简单的手段来躲避天敌的伤害，在险恶的环境中求生存。

从达尔文时代开始，动物学家套用军事上迷彩色的概念，发明了保护色这种说法。自然界中有成千上万种动物会利用保护色来躲避敌害，甚至可以说，我们每走一步路，就会遇到一种有保护色的动物。生活在沙漠中的动物通常都是沙黄色的，譬如，狮子、鸟、蜥蜴、蜘蛛或蠕虫。而生活在北极的动物，无论是凶狠的北极熊还是温驯的海鸟，都有一身与冰雪融为一体的白色皮毛。生活在树上的蝴蝶、飞蛾和毛虫，颜色都与树皮相近。

捉过昆虫的人都知道，具有天然保护色的昆虫很难被发现。倘若我们试着在脚边的草地上捉一只吱吱叫的蝈蝈，就会发现很难寻到它的踪迹。

水生动物也是如此。生活在褐色藻类里的动物都具有褐色的保护色，生活在红色藻类中的动物都具有红色的保护色。鱼鳞的银色也是一种保护色，它可以帮助小鱼躲避飞禽和大鱼的猎食，因为无论是从水上看向水下，还是从水下看向水上，波光粼粼的水面都宛如一面镜子（全反射），鱼的银色鳞片与银闪闪的水面完美地融合在一起。而水母以及生活在水中的其他透明动物，譬如，蠕虫、虾贝、软体动物等，它们的保护色是透明无色，在无色的水中，透明的身体让它们不易被看见。

大自然的设计远比人类所发明的任何东西都要优越。许多动物能够使它们的颜色适应大自然的变化。银白色的貂，在雪地上是那么不引人注意，如果它不在雪融化时改变颜色，就很容易成为猎物。每年春天，这种白色的动物都会穿上一件新的褐色外套，到了冬天又变成白色，与雪地融为一体。

迷彩色

人类从自然界中获得了启发，利用迷彩色将自身融入周遭环境中。过去战场上鲜艳的军服如今都被改成卡其色。军舰也被涂上钢灰色（军舰灰）以隐匿于海洋之中。

239

在军事行动中，我们会用树枝蓬草、迷彩图案、人造烟雾等伪装手段掩藏枪支、堡垒、坦克和舰船。军营会采用一种特殊的隐蔽网，网眼中插着丛丛青草。战士们则要穿戴伪装斗篷。

军用飞机也会利用迷彩进行伪装，飞机的表面会喷涂褐色、暗绿色和紫色，这样敌人从高空俯视时，就难以将飞机和地面分辨清楚。飞机的底部则要喷涂浅蓝色、粉色和白色，这些与天空相近的颜色能帮助飞机躲避地面观测者的追踪。迷彩色的飞机在抵达750米的高空时将变得难以辨认，而到3000米的高空时，它将完全消失在背景之中。此外，夜间袭击用的轰炸机会漆成黑色。

镜面色也是一种迷彩色，它可以应用在任何环境中。表面为镜面的物体能够完美融入四周景色，从远处很难发现它的存在。在第一次世界大战期间，德国人曾经在齐柏林飞艇上使用过这种方法。飞艇表面闪亮的铝材能够反射天空和云彩，倘若没有发动机的声音，飞艇很难被发现。

由此可见，传说中的隐形帽已经在自然界和军事技术中得到了实现。

眼睛在水下能看到什么

假设你在水下，且可以睁开眼睛观察四周，你会看到什么呢？也许你会认为，水是透明的，所以没有什么能阻挡你的视线，你能像在空气中一样看得清楚。

但你是否还记得，隐身人之所以看不见，是因为他的眼睛和空气的折射率一样。水下的我们与空气中的隐身人面对着相同的问题。为使读者们有更直观的认识，我们来看下面这些数字。水的折射率为1.34，而人眼中透明体的折射率分别为：角膜和玻璃体为1.34，晶状体为1.43，水状液为1.34。我们从中可知，只有晶状体的折射率比水大0.1左右，其他部分的折射率都与水相同。因此，在水下时，光线会在视网膜后方极远处形成焦点，形成模糊的映像。只有高度近视的人才能在水下看得清楚。

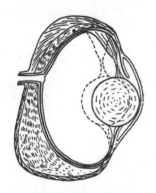

图105　鱼眼剖面图（鱼眼的晶状体呈球形，迎着光的时候，其形状不会发生改变，但其位置会发生改变，如虚线所示）

可不要以为，在水下戴一副高度数的近视镜（凹透镜）就能解决问题。近视镜会让光线聚焦在视网膜后方更远处，从而让成像更加模糊。

那么，戴一副折射率很大的眼镜能否让我们在水下看清物体呢？普通的镜片在水下是起不到什么作用的，因为普通玻璃的折射率为1.5，只比水的折射率（1.34）大一点，在水下的折射能力很弱。我们需要用一种折射率很大的特制玻璃，即重火石玻璃，它的折射率接近2。戴上重火石玻璃眼镜，我们就能或多或少地探清水下的情况（在下一节中，我们还会对潜水员的护目镜做更详细的介绍）。

现在，你应该明白鱼眼呈球形凸出的原因了吧？鱼眼的晶状体呈球形（图105），在所有动物中，鱼眼的折射率是最大的，若不是这样，在水中生活的鱼就会变成瞎子。

潜水员是怎样看清的

许多读者会问，既然我们的眼睛在水里不折射光线，那么身着潜水服的潜水员为何能在水下看清东西呢？要知道，潜水员戴的头盔嵌的都是平玻璃，而不是凸玻璃。以及，在儒勒·凡尔纳的小说里，乘坐"鹦鹉螺号"的几位乘客，为何能透过潜水艇的窗户观赏水下世界的风景呢？

这个问题不难回答。如果我们不穿潜水服、不戴潜水头盔就跳进水里，水会直接接触我们的眼睛，而戴上潜水头盔（或者坐在"鹦鹉螺号"的船舱里），水和我们的眼睛之间就隔着一层空气（和玻璃），这让一切变得大有不同。射入水中的光线要透过玻璃，穿过空气，再进入眼睛。按照光学原理，从水中以任何角度射到平玻璃上的光线，在离开玻璃时不会改变方向。但光线从空气进入眼睛时，会发生折射，在这种情况下，眼睛就能像在陆地上一样看清东西。我们能清清楚楚地看到鱼缸里的游鱼，就是一个很好的例证。

水中的透镜

如果你试过将放大镜（凸透镜）浸在水中，透过它观察水里的物体，就会惊讶地发现，水中的放大镜起不到任何放大作用。将放大镜换成缩小镜（凹透镜）放在水里，也同样发挥不了缩小作用。如果你用来做实验的不是水，而是一种折射率大于玻璃的液体，比如溴萘，你就会看到，凸透镜会缩小物体，而凹透镜会放大物体。

但只要回想一下光的折射原理，你就能明白其中的原因。放大镜之所以能够放大物体，是因为放大镜的玻璃的折射率比周围空气的折射率大，而玻璃和水的折射率相差无几，当光线从水中射入玻璃时，不会发生很大的偏折。因此，无论是放大镜还是缩

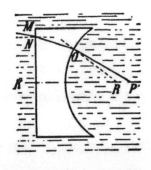

图106 潜水镜为空心平凹透镜。光线 MN 发生折射后，会沿着 MNOP 的路线前进。在透镜内，光线离法线较远，在透镜外，光线离法线（OR）较近，因此这种透镜也有聚光的作用

小镜，与它们在空气中的作用相比，它们在水中的作用都会大打折扣。溴萘的折射率比玻璃大，所以浸在溴萘中时，放大镜会缩小物体，缩小镜会放大物体。空心透镜（或者叫空气透镜）在水中的作用也是如此：凸透镜缩小物体，凹透镜放大物体。潜水员佩戴的护目镜正是这种空心透镜（图106）。

游泳新手面临的危险

在生活中我们时常会看到，一些缺乏游泳经验的人因为不了解光的折射原理而遭遇危险，他们不知道，光的折射令水中的物体看上去高于其真实位置，实际上，池塘或河流的真实深度比视觉深度要深$\frac{1}{3}$。这种错觉屡屡将人置于险境。尤其是儿童或身材矮小的人，如果对水

图107　水杯中弯折的勺子

深进行了错误的判断，就极有可能会丧命。图107还向我们展示了一种相似的现象，将勺子放在装水的茶杯中，我们会发现勺子看上去就像被折弯了一样，这个现象同池底变浅一样，都是光线折射而产生的视觉误差。

我们可以用下面这个简单的实验来验证一下光的折射原理：准备一枚硬币和一只水碗，请你的朋友坐在桌边，但不要让他坐在能看见碗底的位置，将硬币放在碗底，用碗壁挡住硬币。然后让你的朋友坐直身子，往碗中倒水，过不了一会儿，他就会惊奇地发现，他竟然看到了硬币，但如果把水抽掉，硬币又会消失在他的视野中（图108）。

图 108 水碗中的硬币

图 109 为什么图 108 中的硬币
看上去被抬高了

那么，为什么在观察者的眼中，硬币的位置升高了呢？图
109 给出了解释：光线从水中进入空气后，发生折射再进入眼睛，
人会想象硬币在两条光线的延长线上，也就是硬币的真实位置的
上方。光线偏斜的角度越大，硬币的位置看起来就越高。也正是
出于这个原因，我们坐在小船上向池底望去时，常常会觉得池塘
是凹形的，似乎我们的正下方是池塘最深处，而离我们越远的地
方池水越浅。

而当我们从池底望向池面上的桥，会觉得桥好像是凸形的
（图110，在后面的内容
中，我会向诸位读者解释
这张照片是怎样拍摄的）。
此时，光线从折射率低的
介质（空气）进入折射率
高的介质（水），产生的
视觉结果与光线从水中进
入空气的视觉结果正好相
反。同样的道理，当一排
人站在鱼缸前，从鱼的视

图 110 横跨河面的铁路桥在水下观察者眼中
的样子（根据伍德教授拍摄的照片绘制）

角看过去，它会觉得这些人不是站在一条直线上，而是站在一条

向它凸出的弧线上。可能会有读者好奇，鱼眼中的世界是什么样的呢？或者说，假如鱼有了一双人一样的眼睛，它会看到什么样的景象呢？关于这个问题，我会在后文展开详细的说明。

看不见的针

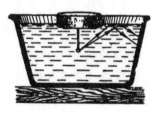

图111　看不见的针

让我们来做一个实验：在一块扁平的圆形软木上插一根针，然后把软木倒扣在水盆里。这时候我们会发现，尽管针的长度足够长，不会被软木挡住（当然，软木的尺寸不能太大，这是实验的前提），但无论我们从什么角度看，都看不到针（图111）。为什么从针传来的光线无法进入我们的眼睛呢？因为发生了一种反射现象，物理学上称之为"全反射"。

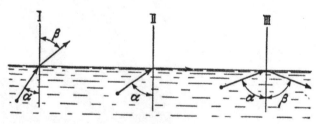

图Ⅰ：光线从水中射入空气中的折射情况　图Ⅱ：入射光线与法线之间的夹角为临界角，折射光线会擦着水面射入空气中　图Ⅲ：一种全反射情况

图112

246

图112向我们展示了光线从水中射入空气——或者说，从折射率较大的介质射入折射率较小的介质——然后返回的路线。根据折射定律，当光由空气射入水中时，折射角小于入射角，举个例子，空气中的入射光线与法线的夹角为β，水中的折射光线与法线的夹角为α，α角要小于β角（图112Ⅰ中箭头指示的方向与此种情况相反），而当光线贴着水面从空气中射向水中时（入射光线垂直于法线），又会发生什么呢？此时，水中的折射光线与法线之间的夹角不会大于48.5度，这个角度即水的临界角。也就是说，只要光线从空气中射入水中，折射角一定小于48.5度。我们必须先厘清这些简单的关系，才能更迅速地理解后面讲到的那些神奇又有趣的光反射现象。

现在我们终于明白，无论光线以什么角度射入水中，最终都会汇聚在一个狭窄的圆锥体之中，这个圆锥体的顶角为48.5度+48.5度 = 97度。下面我们来看一看光线是如何从水中射入空气中的（图113）。根据光学原理，光线从水中射入空气中的路线

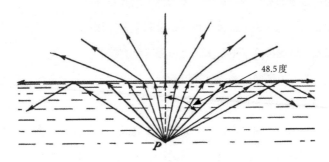

48.5度

图113　如果从P点射出的光线与法线之间的夹角比临界角大（水的临界角是48.5度），
那么光线不可能从水中射入空气中，而是会发生全反射现象

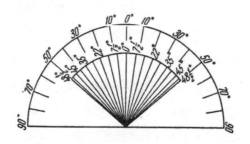

图114　水上180度的弧形在水下观察者眼中只有97度。
观察者距离顶角（0度角）越远，看到的弧形越窄

与它从空气中射入水中的路线相同，换言之，从顶角97度的圆锥体中射出的光线，会在水面上沿着180度的半圆弧在空气中四散。

那么圆锥体之外的光线都去了哪里呢？这些光线没有进入空气，而是被镜子一般的水面反射了回去。总而言之，水下光线的入射角如果大于临界角48.5度，就不会发生折射现象，而会被全部反射回去，这就是物理学上的全反射现象（这种特殊的反射现象之所以被称为全反射，是因为入射光线都被反射回去了。即使是抛光的镁镜或银镜，也只能反射部分光线，其余光线都会被吸收。在这种情况下，水就是一面完美的镜子）。

如果鱼类懂得物理学知识的话，它们一定会把全反射现象当作最主要的光学现象来研究，因为全反射现象对鱼类的视觉有极大的影响。鱼类银白色的鳞片就与之有关。动物学家认为，鱼类变得通体银白是为了适应水面的颜色，由于全反射现象，在水中从下向上看时，水面就像银色的镜子一般，因此银白色的鳞片能

够帮助鱼逃脱天敌的追捕。

从水面之下看水上世界

恐怕大多数人从未想过，从水面之下看到的水上世界是什么样子。如果我们潜入水底一窥究竟，就会发现一个从未见过的世界。

想象一下我们从水下向水上望去，头顶的白云与我们在地面上看到的白云没有区别，因为垂直光线不会发生折射现象。但如果其他物体射出的光线与水面呈锐角，物体的模样就会变得扭曲，好像被压扁了一样，而且光线与水面之间的夹角越小，物体看上去就越扁。这是因为水上的景物都被缩入了水下的那个狭小的圆锥体里，一条180度的弧会缩短几乎一半，变成97度的弧，物体的模样自然就会扭曲。如果物体射出的光线与水面之间的夹角是10度，那它在我们眼中就会变得几乎无法辨认。

可最令人吃惊的是水面本身的形状，从水下向上看，水面不是平的，而是圆锥形。我们仿佛站在一个大漏斗的底部，漏斗壁之间的倾斜角度比直角略大一些（97度）。这个圆锥体上部的边缘是彩虹色的，因为白色的阳光由各种颜色的光组成，每一种颜色的光都有不同的折射率，因此也有不同的临界角。从水下望去，分散的各色光线好似为物体镀上一层彩虹色的光晕。

在这个彩虹色的边缘之外，我们又能看到什么呢？我们会看到一片发光的水面，像镜子一样反射水下的一切。

在水下的观察者看来，那些一部分浸在水里、一部分露出水外的物体，模样最为特别。

假如河里有一根测量河水深度的标杆（图115）。观察者在水下 A 点能看到什么呢？我们把他周围360度的空间划分为几个区域，逐个研究。在视野1的范围里，如果光线充足，他能看到河底；在视野2的范围里，他能看到并未扭曲的水下部分的标杆；在视野3的范围里，他能看到水下部分的标杆的倒影（这里说的是上下颠倒的全倒影）。在高一点的地方，我们的观察者还能看到水面部分的标杆，但它并不和水下部分的标杆相接，而是比水下部分的标杆高出许多，两部分的标杆看起来是完全分离的。观

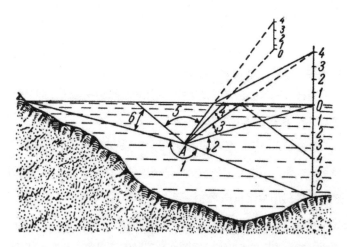

图115　水下观察者从 A 点以不同视野看到的半浸在水中的标杆。在视野2的范围里，他能看到水下部分的标杆；在视野3的范围里，他能看到水下部分的标杆的倒影；在视野4的范围里，他能看到水面部分的标杆，但水面部分的标杆与水下部分的标杆并不相接，而是比水下部分的标杆高出许多；在视野5的范围里，他能看到压缩在圆锥体之中的水上世界；在视野6的范围里，他能看到河水深处的倒影；在视野1的范围里，他能看到朦胧的河底

250

图116 水下观察者眼中的被淹没的大树（可与图115对比）

察者一定想不到，这一截高悬在空中的标杆，就是水下标杆的延长部分，而且这一截标杆被压缩得很厉害，尤其是末端，那里的几条刻度线都挤在了一起。

在观察者的眼中，河岸上被春汛淹没的大树，就像是图116中所画的样子。而在鱼的眼中，游泳的人也是相似的模样（图117）。在鱼看来，浅水中行走的人仿佛分成了两截，上半截没有

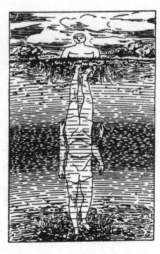

图117 水下观察者眼中的胸部以下被淹没的人（可与图115对比）

腿，下半截没有头却有 4 条腿。当人离鱼越来越远，鱼就会觉得人上半截的身体越缩越短，直到剩下一个空悬的人头。

我们能否亲身验证这些结论呢？很可惜，即使我们瞪大双眼，也很难在水下看得清楚。首先，我们只能在水下停留几秒，在这么短的时间内，水面来不及恢复平静，透过晃动的水面看清物体就更加困难了。其次，我们眼中的透明组织与水的折射率相差无几，因此在视网膜上形成的像非常模糊。从潜水钟、潜水帽或潜水艇的玻璃窗向外看，也看不见什么东西。在这种情况下，观察者虽然潜入了水下，但无法体会"水下视觉"。我在前文中讲过，光线在进入我们的眼睛之前，要透过玻璃，穿过空气，发生相反的折射。此时的光线或是恢复了原本的方向，或是取得了和在水中时的方向不一致的新方向。所以，从潜水艇的玻璃窗向外看，不会得到真正的"水下视觉"的效果。

不过，若想从水下看水上的世界，不必亲自潜入水中，只要用一种特殊的照相机就可以模拟"水下视觉"。这种照相机的内部装满水，没有镜头，取代镜头的是一个中间钻有小孔的金属片。这个设计的原理并不难理解：假设光孔和感光底片之间的空间充满水，那么外部世界在底片上的成像就和水下观察者看到的一样。利用这种方法，美国物理学家伍德教授拍摄了许多极为有趣的照片，图110 就是其中之一。我们在前文中提到过这张图片，也解释了为什么笔直的桥面看起来是凸形的。

还有一种方法可以让我们直观地看到水下观察者眼中的世界：在平静的湖水里放一面镜子，让镜子适当地倾斜，就可以看到水上的物体在镜中的倒影。我们会发现，看到的结果在一切细节上都与刚才我们所说的结论相吻合。

总而言之，透明的水层使水下观察者眼中的水上世界变得完全扭曲，观察者看到的世界变得奇形怪状。倘若陆栖动物在水下深处看水上世界（假设它可以这样做的话），一定认不出它曾栖居的地方，因为隔着透明的水层望去，水上世界已然大大改变了模样。

深水里的颜色

美国生物学家毕布曾对深水中的颜色变化有过一段非常生动的描述：

早上9点41分，我们乘坐潜水球潜入了水中，没想到忽然之间从一个金黄的世界进入了一个苍翠的世界。当舷窗外的泡沫和浪花漂离之后，我们发现一切都被绿色充填：我们的脸，潜水球里的水池瓦罐，甚至漆黑的墙壁都染上了绿色。然而，从甲板上看，我们是沉入了纯粹而深邃的青色之中。

一沉入水中，暖色光线就从我们眼中消失了，红色和橙色好像从来没有存在过。没过多久，黄色也被绿色吞没了。和煦的暖色光线虽然只占可见光谱的 $\frac{1}{6}$，但它们在30多米的深处完全消失之后，剩下的就只有寒冷、黑暗和死亡了。

253

我们继续下沉，绿色也渐渐消退，到了60米的深处，很难说清水的颜色是绿中带蓝还是蓝中带绿。

到了180米的深处，周围的一切都呈现出一种幽幽发光的深蓝色。这里的光线非常暗淡，完全无法读书或写字。

到了300米的深处，我试着分辨水的颜色究竟是黑蓝色还是深灰蓝色。奇怪的是蓝色消失之后，取代它的并不是可见光谱中的下一种颜色——紫色，紫色似乎已经被吞没了。似蓝非蓝的颜色变成了无以名状的灰色，最终变成黑色。再往下沉，就看不到太阳光了，色彩也完全消失了。在20亿年的时间里，这里只有无际的黑暗，直到人类带着电光沉入深水。

在另一段文字里，毕布对水下极深处的黑暗又做了一番描述：

几天前，当我到达760米的深水时，我惊觉那里的黑暗远超我的想象，而现在，我陷入了更加浓稠的黑暗。跟这里的黑相比，水上世界的夜晚不过是暮光朦胧的黄昏。黑这个颜色，从未如此具象地呈现在我眼前。

视觉盲点

如果我对你说，在你的视野里，有一个地方虽然近在眼前，但你完全看不到它，你可能会觉得我在开玩笑。我们怎么可能察觉不

到这么大的缺陷呢？我
们可以做一个简单的实
验来验证这个说法。

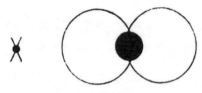

图118　如何找到盲点

把图118放在离右
眼20厘米左右的地方，
然后闭上左眼，右眼紧盯图左边的叉号，慢慢地把这幅图移近。
在某一时刻，两个圆相交处的黑点将消失得无影无踪。黑点还在
我们的视野范围内，我们却看不到它，但左右两个圆圈我们能看
得非常清楚。

1668年，著名的物理学家马略特首次完成了这项实验，不
过实验形式略微不同。马略特让路易十四宫廷中的两个大臣相隔
2米面对面站着，用一只眼睛看向旁边的某一点，这时两个大臣
会发现自己看不到对方的脑袋。据说这个实验逗得宫廷上下非常
开心。

17世纪的人们终于知道视网膜上存在盲点。这个盲点就是视
神经穿过的视网膜上无感光细胞的部位。

长久以来的习惯让我们很难发现视野范围内的"黑点"，当
看不到"黑点"时，我们的想象力会自动填补这个空缺，例如，
在图118中，我们虽然没有看到黑点，但想象力会让我们认为两
圆相交处确有这样一个黑点。

如果你有眼镜，还可以做这样一个实验：在眼镜片上贴一小
片纸（但不要贴在镜片正中间），一开始你会感觉这片纸十分碍
事，但是过一两个星期，你就感觉不到纸的存在了。同样的道理，

如果你不小心摔裂了眼镜，也只有在一开始时才会在意眼镜上的裂纹。由此可见，我们之所以察觉不到视觉盲点，是因为我们对此早已习惯。另外还有一个原因，那就是，我们两只眼睛的盲点是不同的，所以当我们用双眼视物时，也不存在看不见的地方。

不过，切莫小看视觉盲点。如果你用一只眼睛看10米之外的房屋，就会产生直径约1米的盲区，大概等于一扇窗的面积，也就是说，这座房屋正面的很大一部分你都看不到。如果你用一只眼睛看天空，也有一块区域是看不到的，这块盲区的面积大概等于120轮满月。

月亮看上去有多大

如果问一问身边的朋友，月亮看上去有多大，你会听到各种各样的答案。大多数人觉得月亮像银盘一样大，也有少数人觉得月亮如茶碟、苹果或樱桃一般大，我听到一个学生说他认为月亮"像一张能坐12个人的圆桌一样大"，我还看到一位作家在书里写道月亮"大约有1俄尺宽"（1俄尺约为0.711米）。

为什么面对同一个物体，我们会有如此不同的感觉？因为我们在无意识中对自己与月亮的距离做出了不同的判断。觉得月亮状如苹果的人，比起那些认为月亮形如银盘或桌子的人，所想象的自己与月亮之间的距离要短得多。

既然大多数人觉得月亮像银盘一样大，那我们不妨计算一下，月亮距离我们多远时，才会和银盘的大小相同呢？答案是不到30米，没想到我们在不知不觉中把高悬在夜空中的月亮想象得这样近！

多数情况下，产生视错觉的原因是我们对距离的错误估计。我清楚地记得，当我还是小孩时，也曾有过被视错觉愚弄的经历。那是一个春天，我第一次离开城市，到郊外游玩。我看到草地上有一群正在吃草的牛，却不知道自己与牛其实相距甚远，心想这些牛的大小竟然如侏儒一般，以后再也遇不到这么小的牛了！（成年人也很难逃过这种视错觉，小说《农夫》的作者就在书中写道："这里的村庄仿佛只有一掌大小，丛丛的树木贴在桥边，农屋、山丘和白桦林紧靠村舍。所有的房子、果园和田庄都像过家家的道具——树木如细小的枝丫，河流如银镜的碎片。"）

天文学家通过丈量天体与眼睛之间形成的视角，来估测天体的大小。这个视角指的是从天体两端延伸到观察者眼中的两条直线所形成的角度（图119）。众所周知，角的单位有度、分和秒，如果问天文学家月亮

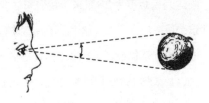

图119　什么是视角

有多大，他不会说月亮如苹果或银盘一样大，而是会说月亮视角约为"半度"。也就是说，从月亮两端延伸到我们眼里的两条直线会形成半度的角。这种估测天体大小的方法不仅合理，还能避免争议。

根据几何学原理，如果物体与我们之间的距离达到其直径的57倍，物体与眼睛之间就会形成1度的视角。举个例子，把一个直径为5厘米的苹果放到距离我们5厘米×57厘米远的地方，视角为1度。如果距离变为2倍，视角就会变为0.5度，如月亮视角一样。你的确可以说月亮看上去像苹果一样大，但这种说法有一个前提，那就是你与苹果之间的距离必须为570厘米。如果你要将月亮的大小比作银盘，那就要把银盘放在30米开外的地方。许多人都不敢相信月亮会变得这么小，但如果把一枚6便士的硬币放在距离我们2米远——硬币直径114倍——的地方，硬币就能完全地遮住月亮。

　　如果我让你将你所见的月亮画下来，你可能会觉得无从下笔，因为你所见的月亮可大可小，取决于你的眼睛与月亮之间的距离。假设这个距离是我们平时读书画画的距离——明视距离，正常人眼的明视距离为25厘米，我们来估算一下，在书上画一个月亮，这个月亮应该多大。这个问题并不难解：用25厘米除以114，得到的结果是略微超过2毫米，也就是字母"o"的大小。真没想到月亮以及太阳（太阳和月亮的视觉大小几乎相等）看上去会这么小。

　　你可能已经注意到了，直视太阳一段时间之后，就会看到一圈模糊的光晕，这就是所谓的光痕，它的视角与太阳视角相等，它的视觉大小也会发生变化，当你仰望天空时，它和太阳的大小一样；当你埋头读书时，它又变成了字母"o"的大小，这说明我们的计算是正确的。

天体的视觉大小

如果按照视角大小在纸上画出大熊星座，我们就会得到与图120一样的图形。把这张纸放在明视距离，我们看到的纸上的星

图120　按照视角比例绘制的大熊星座图，这张图要放在与眼睛相距25厘米的地方

座和天空上的星座就是一样的。如果你对大熊星座非常熟悉——不只是熟悉星座的图案，而是脑海中形成了直观的视觉印象——那么看到这张画的时候你就能体会到这种感觉。如果知道星座的各个星体之间的角距（可以查阅天文日历或星历），你就能画出原尺寸的星象图了。在画图之前，你需要准备一张方格纸，方格边长1毫米，每4.5毫米视作1度（画图时需注意，表示星体的圆圈的大小应当与其亮度成正比）。

现在我们来谈谈行星。如恒星一样，行星的视觉大小也很小，在肉眼看来，行星只是一群光点。这是因为行星（除了最亮时期的金星）与肉眼之间形成的视角不超过1分，1分是人眼能分辨物体大小的临界视角（在比临界视角更小的视角下，物体在我们眼中会化为一个点）。

下表中列举了不同行星的视角（以秒为单位），两个数字分

别对应行星距离地球最近时的视角和距离地球最远时的视角。

行星	视角（秒）
水星	13～5
金星	64～10
火星	25～3.5
木星	50～30.5
土星	20.5～15
土星环	48～35

　　从这些数值我们可以看出，按照原尺寸画出行星的星象图是不现实的。因为视角为1分时，从明视距离上看只有0.04毫米，肉眼无法分辨这么短的长度。我们需要用放大100倍的天文望远镜，才能把看到的情景画出来。图121就是放大后的星象图。下方

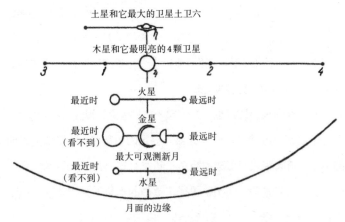

图121　把这张图放在与眼睛相距25厘米的地方，
就能看到通过百倍天文望远镜看到的行星的样子

的弧线是通过百倍望远镜看到的月亮或太阳的边缘。弧线上方画的是离地球最近时和最远时的水星，再上方是不同位相里的金星，金星距离地球最近时，我们是看不到它的，因为此时它朝向地球的一面不受阳光照射（在极少数时刻，地球、金星和太阳会运动到同一条直线上，从地球上看，金星就像一个在太阳表面缓缓移动的黑点，这种现象被称为"金星凌日"）。之后，金星渐渐远离地球，慢慢变成月牙状，形成最大的行星圆面。在之后的位相里，金星会变得越来越小，满轮时的直径只有呈月牙时的 $\frac{1}{6}$。

　　金星的上方画的是火星，左边的圆圈是它距离地球最近时的样子，右边的圆圈是它距离地球最远时的样子。我要提醒诸位读者，左边的圆圈是通过百倍望远镜看到的大小，在这样小的圆圈上，我们能够看清什么东西呢？把这个圆圈再放大10倍，我们就可以看到天文学家在研究火星时使用千倍望远镜所看到的景象。然而即便如此，我们也无法在这个圆圈上观察到一些细节，比如，火星上的"运河"，或者生长在火星"海底"的植物的颜色。难怪一些观察者会提出相互矛盾的观点，有些人认为那只是光学上的错觉，有些人则坚称自己看得清清楚楚（如今我们不再局限于通过视觉观测的方法来获得关于火星和其他行星的信息，我们还可以通过传感器获得明确而可靠的数据，掌握行星及其卫星的物理特征）。

　　在这张图中，庞大的木星和它的卫星占据了非常醒目的位置。木星的圆面远远超过其他行星（除了月牙状的金星），而它的4颗卫星排列成一条直线，几乎等于月球圆面直径的一半。图上的木星正处于距离地球最近的时候。最上方画的是土星、土星环以及土星最大的卫星泰坦，它们距离地球最近的时候，是我们进行观测的最佳时间。

说了这么多，诸位读者应该已经明白了，我们越是觉得一个物体与我们相近，这个物体在我们看来就越小。相反地，如果我们因为某种原因过大地估计了与物体之间的距离，就说明这个物体在我们看来是很大的。下面，我们来看看爱伦·坡所写的一篇颇具教益的关于光学错觉的故事。这篇故事看上去不太真实，却完全不是虚构的。我自己也曾被相似的错觉欺骗过，或许有许多读者也有类似的经历。

斯芬克斯（节选）

纽约霍乱肆虐的那段时间里，我应一位亲戚的邀请，来到他的别墅小住两个星期。如果不是每天早上都有可怕的消息从城里传来，我们应该会度过一段惬意的时光，然而我们每天都会听到熟人去世的消息。后来，一见到邮差走来，我们就感到不寒而栗。从南方飘来的空气仿佛也充满了死亡的气息，这些愁闷的想法占据了我的灵魂。幸好房屋的主人情绪稳定，他虽然心情也非常低落，但仍强打着精神安慰我……

在一个温暖的黄昏，我捧着书坐在窗前，从敞开的窗户向外望去，可以看到远处的河道和山丘。我的思绪离开了眼前的书本，飘向阴暗而荒凉的邻城。当我的目光从书页间移向光秃秃的山丘。我看到有一个狰狞的怪物从山顶冲到山脚，最后消失在山下浓密的树林中。当它出现在我眼前时，我怀疑自己的神志或视力出了问题，过了好一会儿，我才确定自己既没有发疯，也没有做梦。假如我可以描绘出这个怪物的模样（我把它看得一清二楚，而且冷静地观察了它行动的整个过程），读者们恐怕会比那个时候的我更相信发生的一切。

把这个怪物和周围大树的直径相比较，我可以推断出这个怪物比现有的战舰还要大。之所以这么形容，是因为它的轮廓就像一艘装有74门大炮的战舰。它的嘴巴长在鼻根，而它的鼻子足有六七十英尺长，像大象的身体一样粗。鼻根部密密麻麻地生着粗硬的黑毛，粗毛下方伸出两根闪着微光的长牙，状如野猪的獠牙，尺寸却大得多。而在它的长鼻两侧，平行伸展着两根巨角，长度有三四十英尺，质如水晶，形似棱柱，在落日余晖下闪闪发亮。怪物的躯体像一个尖端扎在地里的楔子，它的躯干上生着两对翅膀，一对翅膀叠在另一对翅膀之上，每面翅膀长约300英尺，覆有一层厚厚的金属鳞片，每个鳞片足有10英尺见方。而这个怪物最可怕的地方是它身体上的那颗骷髅头标志，这颗白色的骷髅头几乎覆盖了它的前胸，在黑色的躯体上显得非常耀眼，仿佛是艺术家笔下的杰作。我看着这个怪物，尤其是它胸前恐怖的标志，心里惊慌失措，就在这时，它位于长鼻根部的大嘴突然张开，发出一声痛苦的巨吼，那声音就像丧钟一样敲打着我的神经。等到怪物消失在山脚的时候，我一下昏倒在地，不省人事。

图122　我抬起眼睛……看到一个"怪物"

　　醒来后，我迫不及待地向房主描述了我的见闻。他起初哈哈大笑，随后又陷入了沉思，仿佛早已认定我的精神出了问题。在这一瞬间，我又看到了那个怪物，我赶紧把怪物指给他看，还在一旁详细地描述怪物冲下山坡的路线，房主却说他什么也没看到。我颓然地倒在椅子里，双手掩面，一动不动，当我再次睁开眼睛的时候，怪物已经消失了。

　　房主认认真真地向我询问怪物的形态，在我详细地描述了一番之后，他如释重负地长叹一口气。接着，他走到书柜前，拿出一本《博物学》，又同我换了位置，坐到窗边，他一边翻看书卷，一边用平淡的语气对我说："要不是你描述得这么详细，我恐怕还没法揭开这个怪物的真面目呢。现在，让我给你读一段话，这段话描述的是一种叫作'斯芬克斯'的小虫，它

264

属于昆虫纲鳞翅目天蛾科。这段话是这么说的：'4片薄膜状的翅膀上覆盖着有金属光泽的细小鳞片，长喙两侧有绒毛触角，绒毛将上下的翅膀连接在一起。触角状如棱柱，腹部尖削，胸部带有骷髅纹，叫声凄厉，民间将其视为不祥之兆。'"

读到这里，房主合上书，俯身靠向窗边，他现在的姿势就同我刚刚看到怪物时的姿势一样。

"快看，怪物在那儿呢！"房主喊道，"它正沿着山坡向上爬。这怪物的模样确实古怪，不过没有你说的那么巨大，也不像你想的那么遥远，事实上，它正沿着窗户边的一根蛛丝往上爬呢！"（这种蛾如今被归为天蛾科，它是少数能发出声音的蛾，也是唯一能用口器发出声音的蛾，它的叫声类似于老鼠的吱吱声，非常尖锐，在几米外都能听到。故事的主人公误以为它在遥远的山林中，所以才将它的叫声形容为"巨吼"）

为什么显微镜能放大物体

对于这个问题，我们最常听见的回答是——因为它可以按照某种方式改变光线的路径，就像物理书上说得那样。但这样的回答只解释了表层的原因，而没有道清事情的本质。那么显微镜和望远镜能够放大物体的本质原因是什么呢？

这个原因我并不是在教科书上看到的，而是从学生时代偶然遇到的一件古怪的事情中琢磨出来的。那天我正坐在一扇紧闭的窗户旁，看着路对面一栋房子的砖墙。突然间，我看到墙上有一只几米宽的大眼睛正在瞪着我，我被吓了一跳，赶忙逃走。那时我还没读过爱伦·坡写的故事，所以没有马上意识到那只大眼睛就是我自己的眼睛在玻璃上的映像。我以为这只眼睛在远处的墙上，所以才觉得它尤为巨大。

当我明白了事情的原理后，我开始思考是否可以根据这种光学错觉制作一台显微镜，但我的实验都失败了。不过我从失败的实验中总结出一个道理：显微镜的放大作用并不在于让被观察的物体看起来更大，而在于拓宽我们观察物体的视角，从而放大物体在我们视网膜上的映像。

为了帮助诸位读者理解视角的重要作用，我们先来谈谈眼睛的一个重要特征。对视力正常的人来说，以不到1分的视角观察物体或物体的一部分，只能看到一个形状和结构都无从分辨的点。如果这个物体距离我们很远，或者这个物体很小，以至于我们只能以不到1分的视角来观察它的整体或部分时，我们就无法看清它的细节。因为在如此小的视角里，物体的整体或部分在视网膜上的成像仅能覆盖一个视觉细胞，最终我们只能看到一个点，而看不到物体的任何细节。

显微镜和望远镜的作用在于改变物体发出的光线的路径，使我们能够在较大的视角里观察物体。这样一来，物体在视网膜上的成像就能覆盖更多的视觉细胞，我们也就能看清物体的细节。显微镜或望远镜能将物体放大百倍的意思是，我们用仪器观察物体时的视角比我们用肉眼观察物体时的视角大100倍。有些时候，虽然我们觉得看到的物体变大了，但只要物体与眼睛之间的视角没有被放大，这个物体就不会被放大。墙上的眼睛看上去巨大无比，但与窗玻璃上形成的映像相比，它并没有呈现出更多的细节。月亮在地平线附近的时候似乎比悬在半空中的时候要大得多，但在这个看起来更大的月面上，我们并不能看到更多的细节。

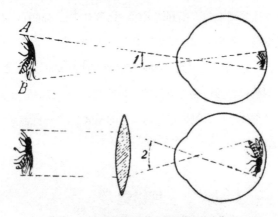

图123　透镜放大了物体在视网膜上的成像

再来看看爱伦·坡描写的天蛾。现在我们可以断定，天蛾的像虽然被放大了，但我们还是无法看清它的细节。无论把天蛾放在远处的树林里还是近处的窗框上，我们看它的视角始终不变。在视角不变的情况下，无论物体的像变得多么巨大，都不能呈现出任何新的细节。在这一点上，爱伦·坡的故事十分忠实于自然。不知道你是否注意到，他在形容林中怪物的时候，并没有为之增添新的细节。比较一下故事里的两段描述，不难发现它们之间只有语言表达上的区别（10英尺见方的金属鳞片——有金属光泽的细小鳞片，闪着微光的长牙——状如棱柱的触角，鼻根部的粗硬

267

黑毛——嘴边的软毛，等等）。

如果显微镜的作用仅仅是放大图像，那它就不具备什么科学意义了，只能算是一件有趣的玩具。但我们知道，显微镜将我们带入了一个新的世界，使我们得以观察到肉眼无法分辨的东西。

所以从显微镜中观察到的天蛾，比森林中巨大的怪蛾更加清晰。显微镜并不是简单地放大了物体的图像，而是提供了一个更大的视角。视角加大之后，物体在视网膜上所成的像就会变大，我们的眼睛就会接收到更丰富的视觉印象。简而言之，显微镜放大的不是物体，而是物体在视网膜上的成像。

视错觉

我们时常会听到"视错觉""听错觉"的说法，但其实，感官不会产生错觉。哲学家康德认为，感官不会欺骗我们，并不是因为它们的判断永远能正确，而是因为它们根本不做判断。

那究竟是什么让我们产生了错觉呢？显然，是我们做出判断的大脑。事实上，在大多数情况下，视错觉并非源于我们看到的东西，而是源于我们潜意识中认为自己看到的东西。欺骗我们的不是感官，而是我们对所见所闻的判断。

2000多年前，卢克莱修曾写道："我们的眼睛无法识清事物的本质，所以不要将心灵的过失归咎于眼睛。"

下面，我们来讲一个常见的视错觉的例子：图124中，左边的图看上去比右边的图要窄一些，但实际上它们是一样宽的。我们为什么会做出错误的判断呢？因为我们在估计左图的高度时，不自觉地加上了线条之间的空隙，所以左图的高度看上去比宽度更长，但其实它们是等长的。相反，右图的宽度看上去比高度更长。出于同样的原因，我们在观察图125时，会觉得图形的高度长于宽度。

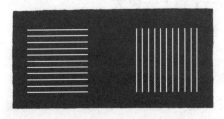

图124 左边的图和右边的图哪幅更宽

图125 宽度和高度哪个更长

凸显身材的衣服

假如把上一节讲过的视错觉应用到无法一眼看全的大型图案上，就会产生截然相反的感觉。众所周知，矮胖的人若是穿了一件横条纹的衣服，就会显得更加臃肿。相反地，如果他穿了一件竖条纹的衣服，就能让自己看起来苗条一些。

为什么会这样呢？因为我们无法在不移动视线的情况下一眼看全整件衣服，如果要看全整件衣服，我们的眼睛就会不由自主地沿着条纹的方向移动，在这个过程中，工作的眼部肌肉会让我们在不知不觉中沿着条纹的方向将物体拉长，因为我们习惯于将眼部肌肉的工作和超出视野范围的物体联系在一起。而当我们看小的条纹图案的时候，我们的视线不用移动，眼部肌肉也不需要工作。

哪一个看上去更大

图126　上方中间的椭圆和下方的椭圆哪个更大

让我们来比较一下图126中的两个图形——下方的椭圆和上方中间的椭圆，哪个椭圆看上去更大呢？下方的椭圆是不是比上方中间的椭圆看上去更大？但其实这两个椭圆一样大。只是由于上方中间的椭圆外面还有一个椭圆，所以我们才会产生错觉，认为下方的椭圆更大。还有另一个原因加深了这种错觉，那就是整个图形看上去不是平面的，而是立体的桶状。我们不自觉地将椭圆形当作圆形的透视图，将两侧的直线当作桶壁。

观察图127，我们会觉得 a 点、b 点之间的距

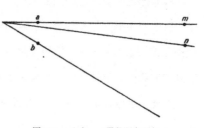

图127　ab 和 mn 哪段距离更长

离看上去大于 m 点、n 点之间的距离，其实是从顶点延伸出来的第三条直线加深了这种错觉。

想象力

我们前面已经说过，在大多数情况下，视错觉并非源于我们看到的东西，而是源于我们潜意识中认为自己看到的东西，如生理学家所言："我们是用大脑来看东西，而不是用眼睛。"倘若你知道视错觉的形成少不了想象力的参与，你就一定会认同我的观点。

如果问一问身边的朋友，图128中的图形代表了什么，我们可能会得到3种不同的答案。有人说这是一个楼梯，有人说这是墙上的壁龛，还有人说这是一张折成风琴状的纸条，它被放在一张白色的方形纸上。

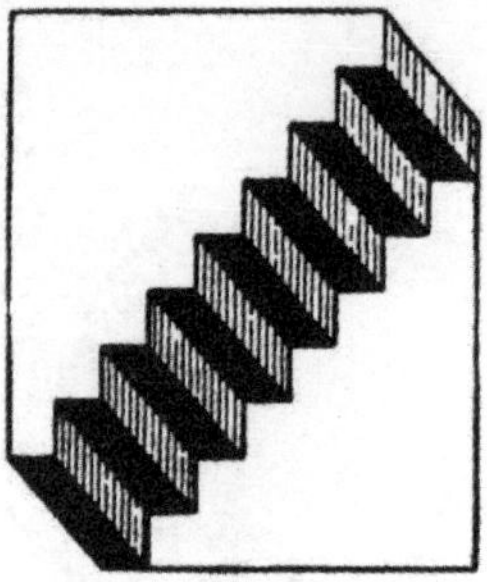

虽然听起来有些奇怪，但这3种答案都是正确的。从不同的角度来看这张图，我们就能看到这3样东西。如果从图的左半边开始看，我们就会看到楼梯；如果沿着图形从右向左看，我们就会看到壁龛；如果沿着对角线

图128 你看到了什么？
楼梯、壁龛还是风琴状的折纸

从右下角向左上角看，我们就会看到风琴状的字条。顺便说一句，如果我们长时间盯着这幅图，注意力就会涣散，眼中的图形就会不断变化，此时我们无法依靠意志来辨别图形。图129也是这样

的一幅视错觉图。

我们再来看看图130，这张图所展示的视错觉也非常有趣，我们会不自觉地认为距离 AB 比 AC 短，但实际上它们的长度是一样的。

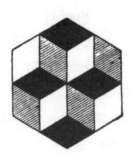

图129 立方体的排列方式是什么样的？上面有两个立方体还是下面有两个立方体

图130 AB 和 AC 哪段更长

272

再谈视错觉

直到今天，我们仍然无法将所有的视错觉都解释清楚。我们往往猜不到大脑究竟在潜意识中做出了怎样的判断，才导致了视错觉的产生。比如，我们明明在图131中看到了两条相对凸起的弧线，但只要用直尺一量，或者把图片放到眼前，我们就会发现这两条线其实是直线。很难说清为什么会产生这种错觉。

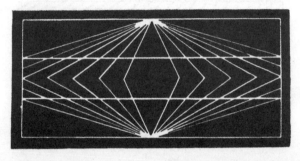

图131 中间的两条直线看上去像两条相对凸起的弧线。有两种办法可以让这种视错觉消失：(1) 把图片放到眼前；(2) 用一只铅笔点在直线的某个点上，然后将注意力集中于这个点

下面，我们再来看一些类似的例子。在图132中，直线似乎被分成了不相等的几段，但测量一下就会发现，这些线段其实是相等的。图133和图134中的几条直线看似是倾斜的，实际上都是平行的。图135中的圆看上去是椭圆，实际上却是正圆。

有趣的是，如果我们在电火花的光亮下看图132、图133和图134，就不会产生视错觉。显然，错觉的产生与眼睛的移动有关，电火花的光亮只存在于一瞬，在这么短的时间内，眼睛还来不及移动。

273

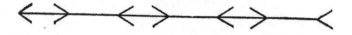

图132　直线上的6段相等吗

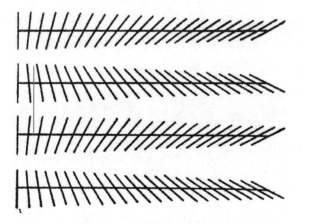

图133　平行的直线看上去并不平行

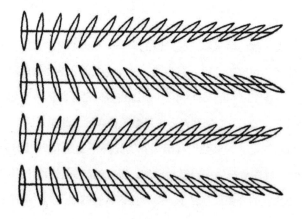

图134　与上图相似的视错觉

还有一种很有意思的视错觉现象，我们称之为"烟斗错觉"。请看图136，比较一下左右两边的横线，你认为哪一边的横线比较长呢？似乎左边的横线要长一些，但实际上两边的横线一样长（这张图还可以用来解释著名的几何学原理——卡瓦列里原理，根据这个原理，烟斗两部分的面积是相等的）。人们提出了许多理由来解释这些错觉，但这些理由都不太令人信服，我就不在此列举了。然而，有一点是明确的：这些错觉来自我们的潜意识，它阻止我们看到真实的情况。

图135 这是一个正圆吗

图136 烟斗错觉，右边的横线和左边的横线一样长，但看起来右边的横线要短一些

放大的网点

我猜你没法一眼看出图137画的是什么，你可能觉得这是一张圆形的网点图。但只要把书立在桌子上，退后三四步，重新看这张图，你就会在图上看到一只人眼。往前走几步，再看这张图，人眼又会消失不见。没准你以为这是某位聪明的雕刻家想出的诡

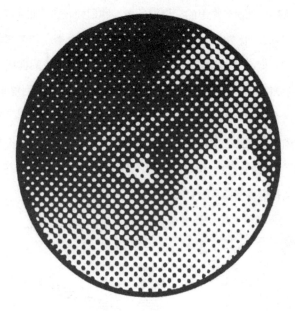

图137　从远处看，你能看到一个脸朝右的女人的眼睛和一部分鼻子

计，但其实这只是我们看到半色调图像时产生的视错觉。书籍和杂志里的插图看似清晰完整，但如果用放大镜观察这些图片，我们就会看到类似于图137的网点。事实上，图137就是一幅放大了10倍的插图的局部。如果网点小而密，那么我们在正常的阅读距离下就能看清图片；如果网点大而散，那我们就要离得远一些才能将图片看清楚。如果你还记得前文讲过的关于视角的内容，就不难理解其中的原因。

奇特的车轮

你曾在栅栏的缝隙或在电影的画面中观察过疾行而过的马车或是汽车的轮辐吗？如果你观察过的话，就会看到一种奇特的现象：车辆飞驰前行，车轮却转得很慢，有时你甚至觉得车轮朝着相反的方向转动。这种神奇的视错觉现象常常令头一回看到的人迷惑不已。

原因是这样的：我们透过栅栏的缝隙观察车轮的转动时，栅栏阻挡了我们的视线，使我们无法连续地看到轮辐，而是隔一段时间才会看到。同样地，电影每秒只能呈现24帧画面，所以我们无法连续地看到荧幕上的车轮。这时可能会发生3种情况，让我们逐个说明。

第一种情况：在看不到车轮的时间间隔里，车轮的转数是整数，这个整数是2或20都无关紧要。在这种情况下，轮辐在当前画面上的位置与它在前一帧画面上的位置完全相同。在下一个时间间隔里，车轮又转了整数（时间间隔和车的速度保持不变），所以轮辐的位置依旧没有改变。我们看到轮辐始终保持在相同的位置上，因此认为车轮根本没有转动。

第二种情况：在每个时间间隔里，车轮在转完整圈之后都会再转小半圈。我们看到变换的画面时，不会想到车轮转的整圈，只会想到转的小半圈。因此我们会觉得汽车虽然跑得飞快，车轮却转得缓慢。

第三种情况：在两帧画面的间隔内，车轮的转数不足1圈，如315度（图138第三列）。在这种情况下，车轮就像在朝着相反的方向转动。

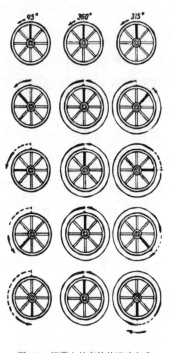

图138　银幕上的车轮的运动方式

应当补充的一点是，在第一种情况里，为了简单起见，我假设车轮的转数是整数，但车轮的每根辐条都是相同的，所以只要车轮转的辐条间隙数是整数就可以了。这一点在另外两种情况里也同样适用。

除此之外，我还想向读者们分享一些有趣的地方：假如在轮缘上做个记号，我们就会看到车轮转动时，轮辐（所有辐条相同）转动的方向与轮缘相反。如果在辐条上做个记号，我们就会发现轮辐转动的方向与记号的方向相反。这个记号仿佛是从一根辐条上跳到另一根辐条上的。

如果你碰巧在看一部故事片或新闻片，那么这种错觉无伤大雅，但如果影片的内容是介绍机器的工作原理，那这种错觉就可能会严重误导观众，甚至让观众得到完全错误的认知。

假如在电影中看到飞驰的汽车的车轮好似静止不动，细心的观众只要数一下辐条的数量，就能计算出车轮每秒转了多少圈。

影片每秒播放24帧画面，如果车轮有12根辐条，那么车轮每秒的转数就是24÷12=2，或者说车轮每半秒转1圈。这是车轮最低的转速，它的真实转速可以是这个数目的整数倍——2倍、3倍等。再估计一下车轮的直径，我们就可以推算出汽车的速度了。假如车轮的直径为80厘米，在上述条件下，汽车的平均速度约为每小时18千米，或者每小时36千米、54千米……

工程师们利用这种视错觉来计算高速转轴的转数。方法原理如下：交流电灯泡的灯光并不稳定，每隔1‰秒，灯泡光线就会变暗，但灯泡的闪烁几乎无法察觉。想象一下用这种灯泡照射图139中的圆盘（这个圆盘每隔1‰秒转1圈），我们会发现，运动的圆盘并没有整体变成灰色，而是变成了黑白扇形相间的图案，仿佛是静止的一般。我想，在理解了车轮的错觉之后，读者们应该知道为什么会发生这样的情况，以及怎样利用上述原理来计算转轴的转数。

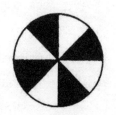

图139
每秒转25圈的圆盘

时间显微镜

在《趣味物理学》中，我们讲过一种"时间放大镜"。现在，我们可以利用上一节中讲到的原理，用另一种仪器实现相同的效果。根据前文，在每秒闪烁100次的交流电灯泡的照射下，图

139所展示的每秒转25圈的圆盘看上去是静止不动的。我们假设灯泡闪烁的次数从每秒100次变成101次，那么在两次灯泡闪烁的时间间隔里，圆盘就不能再像以前那样转完$\frac{1}{4}$圈，扇形也就不能再与原来的位置重合。这样一来，我们看到的扇形就会落后圆周的1%，下一次灯泡闪烁时，扇形又会落后1%，如此持续下去，我们会觉得圆盘在向后转动，而且每秒只转一圈，运动速度降为原来的$\frac{1}{25}$。

同理可知，如果我们想看到圆盘向相反的方向缓慢旋转，就要减少灯泡闪烁的次数。比如，让灯泡每秒只闪烁99次，我们就会看到圆盘每秒向前转动1圈。

这样，我们就得到了一个可以将时间放慢25倍的"时间显微镜"。如果我们想要得到更慢的运动，也完全没问题。比如，让灯泡每10秒闪烁999次，或者说，每秒闪烁99.9次，圆盘就会每10秒转1圈，运动速度降为原来的$\frac{1}{250}$。

利用上面所讲的方法，我们可以将任何一种周期性运动的速度减缓到我们想要的程度，这为研究高速机械运动提供了极大的便利（我们前面所讲的就是频闪仪的工作原理，频闪仪可以用来观测高速周期性运动，它能够达到很高的精确度，电子频闪仪只有约0.001%的误差）。

最后，让我再来介绍一种测量子弹飞行速度的方法。这个方法建立在圆盘旋转的圈数能够精准测量的基础上。

如图140所示，圆鼓装在一个快速旋转的轴上。枪手沿着鼓面的直径射入子弹，在鼓壁上留下两颗弹孔。如果鼓是静止的，

图140 如何测量子弹的飞行速度

两个弹孔就会留在直径的两头；如果鼓是转动的，子弹从鼓壁的一端射向另一端的时间里，鼓还能转动一小段距离，这样弹孔就不会留在 b 点，而会留在 c 点。已知鼓的转数和鼓面的直径，我们可以根据 bc 弧的长度来计算子弹飞行的速度。这是一道并不复杂的几何问题，只要懂一些数学知识，就能计算出来。

尼普科夫圆盘

初代电视机中所使用的尼普科夫圆盘，是视错觉在技术上的一次有趣的应用。

图141就是圆盘的展示图。圆盘的边缘钻有12个直径为2毫米左右的小孔，这些小孔均匀排列在一条螺旋线上，每个小孔都比前一个小孔更靠近圆盘中心2毫米。这样看起来，这个圆盘并没有什么特别之处，但如果把它安装在轴上，再在圆盘前面安装一个小窗，把一张和小窗同样大小的图片放在圆盘后面（图142），然后快速转动圆盘，这时，我们可以透过小窗，清楚地

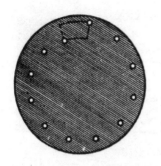

图141　圆盘的展示图

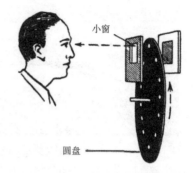

图142　将圆盘安装在轴上并在圆盘前安装小窗，将图片放在圆盘后面旋转看图

看到藏在圆盘后的整张画片。而随着圆盘速度的降低，画片会逐渐变得模糊不清，等到圆盘停止不动时，我们就只能透过2毫米的小孔，看到图片的一小部分。

　　让我们来看一看，这个圆盘究竟有怎样的奥秘。我们可以慢慢地转动圆盘，同时通过小窗观察每个小孔经过时的情况。离圆盘中心最远的小孔，在通过小窗的时候，离小窗的上缘最近。

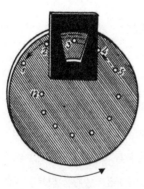

图143　与前一条画面相连的第二条画面

如果圆盘的转速非常快，我们就能透过这个小孔看到图片上最接近小窗上缘的一条画面。第二个小孔比第一个小孔低一些，它快速通过小窗时，我们就能看到同前一条画面相连接的第二条画面（图143）。而第三个小孔通过小窗时，我们又能看到同第二条画面相连接的第三条画面。以此类推，

只要圆盘转速足够快，我们就能看到整幅画片，就好像我们对着小窗在圆盘上开了一个同样大小的洞一样。

这种圆盘制作起来非常简单，如果想提高它的转速，可以在它的轴上绑一根绳子，当然，要是配上一台小电机就更好了。

兔子为什么斜着眼睛看东西

在自然界中，像人类一样可以用两只眼睛同时视物的生物并不多。只不过人类双眼的视野几乎可以重合。大多数动物都是单眼视物的，与我们相比，它们看到的东西轮廓略为模糊，但它们的视野比我们的更为开阔。

图144展示的是人类双眼的视野。人的每只眼睛在水平方向上能看到的角度为120度。眼睛不动时，双眼的视野几乎重合。现在我们将这幅图与图145（兔子的视野示意图）进行比较。兔子的视野范围

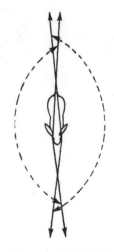

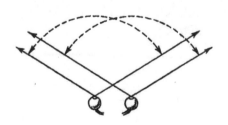

图144　人类双眼的视野　　　　图145　兔子双眼的视野

283

约为360度，即使不转头也可以看到前后的东西，所以我们很难悄悄地接近兔子而不把它吓跑。另外，从图上可以看出，鼻子前的区域是兔子的视野盲区，只有把头转过来，它才能看清眼前的东西。

蹄类动物和反刍动物大多都具有全方位的视野。图146展示的是马的视野。马的双眼视野并没有覆盖它身后的区域，但只要稍一扭头，它就能看到身后的东西。虽然马的视力比较模糊，但它的眼睛能敏锐地捕捉到周围的任何动向。

敏捷的掠食动物大都不具备全方位的视野，但它们的双眼视野能重合在一起，这让它们能够准确地判断自身与猎物的距离。

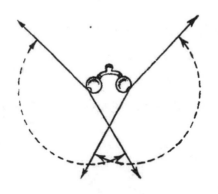

图146　马双眼的视野

为什么黑暗中所有的猫都是灰色的

物理学家说，在黑暗的夜里，所有的猫都是黑色的。因为没有光的时候，什么东西也看不到。但这句俗语里说的黑暗并不是完全的黑暗，它的意思是，在光线非常微弱时，我们无法分辨颜色，所以一切看起来都是灰色的。或许我们应该把这句话理解成：在黑暗的夜里，所有的猫都是灰色的。

这是真的吗？在昏暗的地方，红旗和绿叶看起来也是灰色的吗？其实这个说法很容易证明。如果你曾在黄昏中辨认物体的颜色，就会发现一切物体都或多或少地呈现出暗灰色，无论是红色的毯子、蓝色的墙纸、紫色的花或绿色的叶，看上去都是灰扑扑的。

契诃夫在他的著作《信》中写道："拉下百叶窗后，阳光被隔在了窗外，屋里光线沉沉，似黄昏，那一大捧玫瑰花仿佛都变成了同一种颜色。"

精确的物理实验证明了这种说法。如果用微弱的白光照射物体的彩色表面，或用微弱的彩光照射物体的白色表面，然后渐渐加强光线，我们一开始只能看到灰色，只有在光线加强到一定程度时，我们才能看到物体原本的颜色。这就是所谓的色感下阈值。

所以这句谚语中所说的现象是真实的，在色感阈值之下，我们看到的一切都是灰色的。

当然还有色感上阈值，当光线过于强烈的时候，眼睛也会丧失分辨颜色的能力，我们看到的颜色就只有白色。

冷光

有许多人认为，自然界中不仅有发热的热光，还有制冷的冷光。就像炉火能使周围升温一样，冰块能给周围降温，如果说炉火发出的光是热光，那么冰块发出的光可不可以称为冷光呢？

这种说法是错误的，冷光根本不存在。放在冰块周围的物体之所以会变冷，不是因为冷光的影响，而是因为物体散失的热量比从冰块那里获得的热量要多。无论是热的物体还是冷的冰块都会通过辐射散发热量，而比冰块热的物体散发的热量要多于获得的热量。由于散发的总热量多于获得的总热量，物体最终冷却了下来。

还有一个实验可能会让我们误以为冷光存在。在两面相对的墙壁前放两面大大的凹面镜，在其中一面镜子的焦点处放一个热源，它发出的光线会从这面镜子反射到第二面镜子上，最后汇聚于第二面镜子的焦点。如果在这个焦点处放一张黑色的纸片，纸片就会燃烧起来。这是热光存在的例证。

然而，如果我们把一大块冰放在第一面镜子的焦点处，再在第二面镜子的焦点处放一个温度计，温度计就会测量到温度的下降。这是不是因为冰块发出的冷光通过镜子的反射，最终聚焦到了温度计上？

完全不是这样。让我再来解释一遍。由于辐射散热，温度计散发给冰块的热量大于从冰块那里获得的热量，因此温度计才会变冷。这个实验并不能证明冷光的存在。自然界中根本没有这样一种东西。光线只能将热量传导给另一个物体，同时发出光线的物体会散热而变冷。

10

第十章

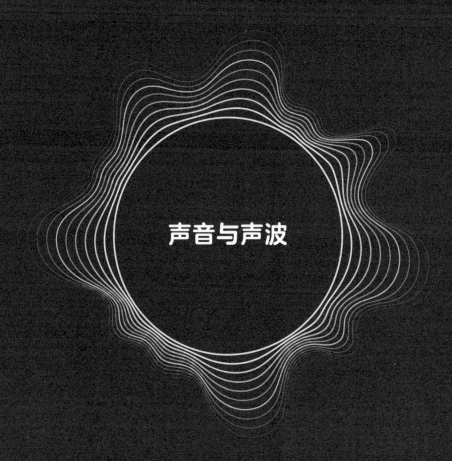

声音与声波

声音与无线电波

　　声音的传播速度比光的传播速度慢百万倍，而无线电波的传播速度与光波的传播速度相同，所以声音的传播速度比无线电波的传播速度慢百万倍。这个结论让我们不禁产生了一个疑问：假设一位钢琴家在演奏，那么是距离舞台10米远的现场观众先听到琴声，还是距离大厅100千米远的广播听众先听到琴声呢？说来也怪，虽然无线电广播的听众与钢琴家的距离比音乐厅里的观众远10000倍，却是他们先听到琴声。

　　无线电波在100千米的距离内传播的时间是 $\frac{100}{300000} = \frac{1}{3000}$ 秒，而声音在10米的距离内传播的时间是 $\frac{10}{340} = \frac{1}{34}$ 秒。所以无线电传播声音的速度是空气传播声音速度的百倍。

声音与子弹

当儒勒·凡尔纳笔下的奔月小队乘着炮弹离开地球时，他们心中一定有这样的一个疑问——为什么没有听到炮弹发射时的轰鸣呢？其实这种情况是必然的。无论炮声有多么响亮，它在空气中传播的速度始终是340米／秒，而我们知道炮弹的速度是11000米／秒，也就是说，炮声远远落后于炮弹，因此炮弹中的乘客听不到炮声（现代飞船的飞行速度大于声速）。

我们不禁要问，在现实生活中，是炮弹的速度更快，还是声音的速度更快呢？如果声音的速度更快，被射击者能否在炮声的警示下迅速躲避呢？

现代步枪发射子弹的速度约为900米／秒，几乎是声音在空气中传播速度的3倍（0摄氏度时声音的传播速度约为322米／秒）。当然，声音的传播速度是均匀的，而子弹的飞行速度是递减的，但在绝大部分轨迹上，子弹的速度都大于声音的速度，所以如果你听到了子弹出膛或呼啸而过的声音，此时子弹已与你擦身而过。如果子弹真的击中了某个人，那么这个人在听到枪响之前就已经一命呜呼了。

不存在的爆炸

飞行物与其声音之间的速度差有时会让我们产生错觉，从而得出与现实完全相反的结论。举个例子，从太空进入大气层的流星速度非常快，即使受到了大气阻力的影响，它的速度仍然比声音的速度快几十倍。

　　流星划过空气时，会发出雷鸣般的巨响。假设我们站在 C 点（图147），而天空中的流星沿着 AB 线运动。流星达到 B 点时，站在 C 点的我们才能听到它在 A 点发出的声音。由于流星的速度比声音的速度快，所以我们在听到它在 A 点发出的声音之前，会先听到它在 D 点发出的声音，同样地，我们在听到它在 B 点发出的声音之前，会先听到它在 D 点发出的声音。我们头顶还有一个 K 点，流星在 K 点发出的声音会最先传到我们的耳朵中。如果你掌握一定的数学知识，又知道流星的速度与声音的速度的比例，那么你一定能精确地计算出这个点的位置。

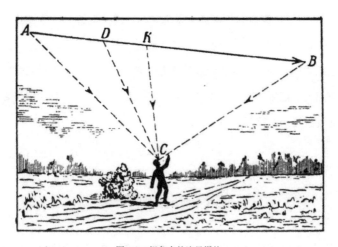

图147　想象中的流星爆炸

综上所述，我们的所见与所闻其实并不同步，我们看到流星从 *A* 点沿着 *AB* 线飞向 *B* 点，但我们听到的先是 *K* 点传来的声音，然后是从相反的两个方向——从 *K* 到 *A*、从 *K* 到 *B*——传来的声音。听上去流星就像爆炸成了两半，向着相反的方向飞去，但实际上流星根本没有爆炸。这下你就能明白，声音是多么具有误导性。那些声称自己"看"到了流星爆炸的人，恐怕也是被听错觉所骗。

假如声速变慢

如果声音在空气中的传播速度小于340米/秒，我们会更加频繁地产生听错觉。

假设声音的传播速度不是340米/秒，而是340毫米/秒，比人走路的速度还要慢，而你正窝在椅子里，听你的朋友讲故事，他一边讲，一边在屋子里踱来踱去。正常情况下，你能清清楚楚地听到他说的话，然而声速变慢之后，他说的话仿佛变成一团乱麻，混乱不清。

当你的朋友向你走来时，他说的话就像在倒放一样，你先听到的是他刚刚说的话，然后才是他之前说的话，再然后是他更早之前说的话。他说的后一句话总是赶在了他说的前一句话之前，所以听上去颠三倒四的。

最漫长的谈话

如果你认为声音在空气中的传播速度——每秒$\frac{1}{3}$千米——已经足够快了，那么读完这一小节，你就会改变想法。假如莫斯科和圣彼得堡之间不通电话，只能用轮船的轮机室中所用的传声筒，你在圣彼得堡，你的朋友在莫斯科，即你们之间约相距650千米。你在传声筒这头提出一个问题，等待你的朋友在传声筒那头回答，然而过去了5分钟、10分钟、15分钟，你却什么也没听到。你变得惊惶不安，担心朋友是不是出了什么事情。但你的担心完全是多余的。因为你的问题还没传到莫斯科，还要再过15分钟，这个问题才会传到你朋友的耳中。再过半小时，他的回答会从莫斯科传到圣彼得堡。也就是说，你提出问题之后，要等待1小时才能听到朋友的回答。

这种情况很容易用计算来验证。以圣彼得堡到莫斯科有650千米计，声音以113千米/秒的速度传播，所需的时间约为2160秒或35分钟。用这种方式从早聊到晚，你和朋友也只能聊十几句话而已（此处作者故意忽略了一点：声音的强度会随着距离的增加而减小。实际上你永远也无法以这种方式和朋友交谈，因为对面听不到你的声音）。

最快的传播方式

曾几何时，传声筒也被认为是一种高效的交流工具。100年前的人们根本没想过会有电报和电话，如果一个人能够在几小时之内向650千米外的地方传递消息，就可以说是相当快速了。

据说沙皇保罗一世加冕时，在莫斯科举行加冕仪式的消息以下面的这种方式传递到北部的首都圣彼得堡：莫斯科与圣彼得堡之间的路上部署了许多士兵，他们彼此之间相距200米，大教堂的钟声一响，距离最近的士兵就向空中开枪，下一个士兵在听到枪声后也向空中开枪，接着第三个士兵也开了一枪，3小时之后，消息就传到了圣彼得堡。

假如圣彼得堡的钟声能直接传到莫斯科，那么只需要0.5小时加冕的消息就能送达。士兵们传递声音的3小时里，有2.5小时都花在了辨听枪声和朝天放枪的动作上，虽然每个动作用时不长，但合在一起就有2.5小时之多。

老旧的光学电报机也是相同的原理，光信号会被传递给最近的信号台，然后靠这种方法传向远方。

击鼓传声

时至今日，非洲、中美洲和波利尼西亚的部落中，当地居民仍然用声音信号传递信息。他们会敲击一种特殊的鼓，这种鼓的声音可以传得很远，一个地方听到鼓声后，会以同样的方式传到下一个地方，这样信息就能很快地传遍整个部落（图148）。

图148　斐济当地居民用击鼓的方式传递信息

意大利与阿比西尼亚（今埃塞俄比亚）第一次交战时，阿比西尼亚一方总是能迅速地侦察到意大利军队的动向，这让意大利人困惑无比，他们没想到敌人会以击鼓传声的方式传递军情。在第二次交战时，阿比西尼亚军队又以同样的方法在首都亚的斯亚贝巴集结士兵，短短几小时之内，军令就传到了最偏远的部落。

在布尔战争时期，人们通过击鼓传声的方式让开普半岛的当地居民在官方通报之前就掌握了消息。根据探险家所说，非洲当地居民用鼓声传递信息的方式，比欧洲人先前使用光学电报机传递信息的方式更为高效。

我在一本杂志上读到过这样一篇关于击鼓传声的内容：大英博物馆的考古学家哈塞尔登在访问伊巴丹时，每日每夜都能听到低沉的鼓声，一天早晨，他听到当地的人们正在热烈地交谈，他便上前打听发生了什么。一位中士告诉他："一艘船沉没了，许多人溺于海中。"鼓声将这则消息传到了海岸各地。哈塞尔登当时没有相信，然而3天后，他收到了一封由于通信中断而迟来的电报，电报中记述了"卢西塔尼亚号"沉没的消息，他这才意识到，他们的消息是准确的，他们用鼓声将消息从开罗送到了伊巴丹。更令人惊讶的是，传递消息的各个部落使用的是完全不同的方言，有些部落甚至彼此为敌。

云朵与空气的回声

　　不仅坚硬的屏障可以反射声音，柔软的云朵也可以反射声音，甚至透明的空气也可以反射声音，前提是这部分空气与其他空气传播声音的能力不同，这种现象与光学上的全反射现象非常相似，声音会被无形的屏障所反射，而我们无法听出回声的来源。

　　这是廷德尔在海边对声音信号进行实验时偶然间发现的现象。他记录道："我们听到一阵回声，仿佛魔法一般，从透明的声云中传来。"

　　这位著名的英国物理学家将反射声音的那部分透明空气称为"声云"。关于声云他是这样写的：

声云飘浮于空气中，它与普通的云、雾或烟没有任何关系，或许最透明的大气层中遍布这种声云，它使清透无形的空气变成了反射声音的屏障。

我们已经通过观察和实验证实了空气回声的存在，不同温度、不同蒸气饱和度的气流都可能产生这种回声。

无声之声

有些人明明听力正常，却听不到蟋蟀的唧唧声或蝙蝠的吱吱声。据廷德尔所说，甚至还有人听不到麻雀的啁啾。

实际上，我们的耳朵并不能察觉周围发生的一切振动，当物体的振动频率小于16赫（次／秒）或达到15000 至22000赫甚至以上时，我们就无法听到这个声音。不同的人拥有不同的听力阈值，老年人能听到的最低频率约为6000赫。因此有些人能听到尖锐的高音，而有些人听不到。

许多昆虫（例如蚊子和蟋蟀）发出的声音都能达到20000赫，这种高频的声音有些人能听到，有些人则听不到。对高频声音不甚敏感的人，即使身处嘈杂的环境中，也能感到从容宁静。这让我联想到廷德尔讲过的一个故事：

在《阿尔卑斯山的冰川》一书中，我讲过一个关于听力阈值的例子，这是我和一个朋友在阿尔卑斯山游览时发生的事。

那日，小路两旁的草丛中伏满了昆虫，刺耳的虫鸣仿佛撕裂了空气，让我烦躁不已，而我的朋友全然不觉，因为昆虫的叫声不在他的听力阈值里。

蝙蝠的声音比昆虫的声音低了整整一个八度，因为蝙蝠在鸣叫时造成的振动频率只有昆虫的一半，但有些人的听力阈值比这个频率更低，所以他们会认为蝙蝠是一种不会发声的动物。相反地，著名生理学家巴甫洛夫在实验中证明，狗能察觉到高达38000赫的声音，而这已经是超声的范围了。

超声波技术

现代物理学和工程学已经能够制造出无声之声，这种声音的振动频率比前文中提到的声音的振动频率要高得多，超声波的振动频率最高可达100000000000赫。

制造超声波的其中一种方法，是利用石英片的特性。石英片是从石英晶体上切割下来的，压缩之后，石英片的表面会产生电流（我们称之为"压电效应"）。在周期性运动的电荷的作用下，石英片会交替收缩和膨胀，换句话说，它会振动并产生超声波。使用振荡器可以让石英片带电，但振荡器的频率必须和石英片本身的振动周期相符（由于石英晶体价格昂贵且产生的超声较为微弱，所以应用场合仅限于实验室，在实际应用时，钛酸钡陶瓷一类的合成材料往往是更好的选择）。

虽然我们听不到超声波，但我们可以用非常简单的方法观察到超声波。比如，我们可以把振动的石英片放进一罐油中，在超声波的作用下，油的表面会出现一个10厘米高的凸起，有些油滴甚至会喷到40厘米高的地方。如果我们把一根1米长的玻璃棒浸入油罐，那么握着玻璃棒的手可能会被烫伤。将这根玻璃棒的一端与木头相触，木头会被烧出一个洞，因为超声波的能量转化为了热能。

各国科学家都在对超声波进行研究，因为它对生物有巨大的影响。它能导致海藻纤维断裂、动物细胞破损、血红细胞溶解。暴露在超声波下的小鱼和青蛙在一两分钟内就会死亡，有些动物（例如老鼠）的体温会迅速攀升到45摄氏度。另外，超声波被应用于医疗领域，听不见的超声波就像看不见的紫外线一样，能够协助医生治疗病患。超声波还被广泛应用于冶金工业，人们利用超声技术检查金属是否含有杂质、气泡、孔洞等。进行检测时，技术人员会在金属上涂抹油脂，在超声波的作用下，金属里不均匀的地方会发生反射，显现出"声影"，这些坑坑洼洼的地方在油面下清晰可见，甚至可以拍摄下来。我们可以通过这种方法检测厚达1米的金属，这是X光无法做到的。哪怕是1毫米大小的缺陷，也难逃超声波的检测。超声波技术的应用前景非常光明。

格列佛与小人的声音

不知读者们是否记得，在苏联电影《新格列佛游记》中，身材小巧的小人嗓音尖细，身材硕大的主人公比佳嗓音低沉。然而在拍摄时，扮演小人的演员是成年人，扮演比佳的演员却是个孩子。那么影片中的音调变化是如何实现的呢？普图什克导演告诉我，演员们在拍摄时用的都是自己的原声，但他根据声音的物理特点想出了一个办法，最终改变了演员们的音调。

为了让小人的声音更加尖厉、比佳的声音更加低沉，导演在给小人录音时放慢了录音带的速度，而在给比佳录音时加快了录音带的速度，在播放影片时用了正常的速度。这样一来，放映的时候，小人的声音振动频率变高，音调也变得更高；比佳的声音振动频率变低，音调也变得更低。所以在电影中，小人说话的音调比普通成人的音调高五度音程，而男孩比佳的音调比普通成人的音调低五度音程。

在这里，导演利用时间放大镜巧妙地进行声音处理。我们播放唱片的时候，如果播放速度比录音速度更快或更慢，也会产生相同的效果。

每天读两天的当日报纸

我们接下来要讨论的问题乍一看与声音和物理学没什么关

系，但请诸位读者不要分心，这个问题能够帮助我们理解后面要讲的内容。

设想一下，每天中午有两列火车在同一时间相向出发，一列从莫斯科开往符拉迪沃斯托克（海参崴），一列从符拉迪沃斯托克（海参崴）开往莫斯科。如果火车到达目的地需要10天，那么从符拉迪沃斯托克到莫斯科的路上你会遇到多少列火车？很多人会立刻回答——10列，但这个答案是错误的。你不仅会看到在你离开符拉迪沃斯托克（海参崴）之后从莫斯科出发的10列火车，还会看到在你离开之前就已经在铁轨上飞驰的火车，所以正确的答案不是10列，而是20列。

现在我们做进一步的思考：如果从莫斯科开出的每列火车上都售卖当日的报纸，而你的习惯是在每一个站点都购买一份报纸，那么在10天的旅程中，你会购买多少份新鲜出版的报纸？我想你已经得出了答案——20份。毕竟，你遇到的每一列火车都会带来一份新鲜的报纸，既然遇到了20列火车，那你就会买到20份报纸，这意味着你每天会读到两天的报纸。

这个结论听上去十分荒谬，我猜，除非你有机会亲身实践一下，否则不会相信这个悖论。

汽笛问题

如果你的听觉十分灵敏，你可能已经注意到了，在两列火车相向而行的过程中，汽笛的音调——不是声响的大小，而是音调的高低——有所变化。当两列火车相互靠近的时候，汽笛的音调会比它们相互远离的时候要高一些。如果火车的速度达到50千米／小时，音调的变化可以跨越一整个音程。

为什么会发生这种现象呢？其实不难理解。我们已经讲过，音调的高低取决于声音每秒的振动次数，我们可以把这个问题和上一节讲到的问题进行对比。迎面开来的火车的汽笛声振动频率不变，你感受到的振动频率取决于你乘坐的这列火车是停在原地、是与迎面而来的列车相互靠近，还是与这辆列车错身而过后渐渐远离。

这个情况和你在去往莫斯科的火车上每天能读到两期报纸是一样的。靠近声源时，你每秒听到的汽笛的振动次数大于实际的振动次数，这时，你会感到汽笛的音调变高了。当两列火车相遇后渐渐远离，你听到的汽笛的振动次数会减少，音调也就变低了，如果你觉得用文字解释不甚清楚，我们可以用图片的形式解释这个问题。首先我们来看一下火车停在原地时的情况（图149），汽笛鸣响的时候会产生波列（图中上面的波浪线），简单起见我们只讨论4条波列。声音从静止的汽笛传出之后，在一定的时间内，向所有方向传播的路程都是相等的。0号波达到观察者 A、B 的时间相同，随后到达观测者耳中的是1号波、2号波、3号波。两位观测者每秒接收的振动次数是相同的，听到的音调自然也相同。

如果鸣笛的火车从 B 驶向 A（图中下面的波浪线），情况就变得有所不同。如果某一时刻汽笛处在 C' 点，那么发出4个波

图149　火车汽笛鸣响产生声波

列后，它已经来到 D 点。现在，我们来比较一下声波的传播情况。0号波从 C' 点出发，同时到达观察者 A' 和 B'，4号波从 D 点出发，无法同时到达 A' 和 B'，如果 DA' 小于 DB'，4号波来到 A' 点的时间要早于来到 B' 的时间。中间的1号波、2号波也是先到达 A' 点，后到达 B' 点，不过相差的时间较短。因此，观测者 A' 比观测者 B' 接收的声波更多，听到的音调也就高，同时，从图中还可以看出，传向 A' 的波比传向 B' 的波短一些。

　　不过，请诸位读者注意，图中的波浪线并不是声波的形状。空气微粒是沿着声音的方向纵向振动，而非横向振动。画成横波只是为了便于读者理解，横向上的波峰对应的是纵向上声音最被压缩的地方。

多普勒效应

我们在前文中谈到的这种物理现象是由物理学家多普勒发现的，因此这个现象以他的名字命名。这不仅是一个声学现象，也是一个光学现象，因为光也是通过波的形式传播的。眼睛接收到更多的光波，我们会感觉到颜色的变化；耳朵接收到更多的声波，我们会感觉到音调的变化。

多普勒效应还有其他的应用场景，比如说，它能帮助天文学家探测到某颗行星与我们之间的距离是越近还是越远，还能测量出这颗行星移动的速度。天文学家通常采用的方法是研究天体光谱上面暗线的侧移，在测定出暗线移动的方向和距离之后，一系列重大的发现呈现在世人眼前。多普勒效应告诉我们，天狼星正在以每秒 75 千米的速度远离我们，虽然这颗星本来就离我们非常遥远，即使再远离千万千米，也不影响它的亮度。但假如没有多普勒效应，我们可能永远也不知道天狼星的离去。

这个例子向我们证明了物理学是一门包罗万象的学科。在确定了长度为几米的声波的规律之后，科学家们又将这个规律应用于长度为万分之几毫米的光波上，然后利用这些知识来测量庞大天体的动向和速度。

罚单的故事

1842年，多普勒首次提出：当观察者接近或远离光源（或声源）时，光波或声波的波长变化是可以被人体器官感知的。他大胆推论，正是因为这一点，星球看上去是五彩缤纷的。他认为，所有的星球实际上都是白色的，然而因为这些星球在快速地与我们接近或远离，所以看起来是有颜色的。当星球向我们接近时，它会发出绿、蓝、紫的光波；相反，当星球与我们远离时，它会发出黄、红的光波。

这个想法非常特别，但毫无疑问是错误的。我们的眼睛能够感受到星球运动而产生的颜色变化，但前提条件是，星球的运动速度必须达到每秒几万千米。即使满足了这个条件，我们还要注意，当白色星球向地球靠近时，它发出的蓝色光线会被紫色光线取代，绿色光线会被蓝色光线取代，紫外线会被紫色光线取代，红色光线会被红外线取代。总而言之，白光本身的组成部分没有变化，虽然光谱上的颜色发生了位置变化，但合成之后的颜色在我们眼中没有改变。

但对观察者来说，运动的恒星在光谱上的暗线位置发生变化，属于另一种情况。精确的仪器可以测算出这些变化，使我们能根据光线计算出恒星的运动速度，精密的分光镜甚至可以准确地测量出1千米/秒的恒星的速度。

有一次，著名的物理学家罗伯特·伍德因为来不及在红灯信号前刹车而被警察罚款，就在这时，伍德想起了多普勒的错误，于是对警察辩解道，他在疾驰的车子里，看到远处红色的信号灯是绿的。如果警察精通物理知识的话，就会知道，如果要把红灯看成绿灯，伍德的车速就要到1.35亿千米/小时——这个速度是完全不可能的。

计算的方法如下：假设 l 为信号灯发出的光波波长，l' 为伍德感受到的光波波长，v 代表车速，c 代表光速，我们得到算式：$\dfrac{l}{l'} = 1 + \dfrac{v}{c}$。

我们知道，红色光线的最短波长为0.0063毫米，绿色光线的最长波长为0.0056毫米，光速为300000千米/秒，代入算式可得：$\dfrac{0.0063}{0.0056} = 1 + \dfrac{v}{300000}$。

汽车的速度为 $v = \dfrac{300000}{8} = 37500$ 千米/秒或1.35亿千米/小时。

按照这样的速度，伍德只要1小时就能从警察身边飞到太阳上。不过，警察可没有听他的，这位物理学家最后还是因为"超速"收到了罚单。

以声音的速度行驶

如果你能以声音的速度离开一个正在演奏的音乐会，你会听到什么呢？你可能会联想到这样一个问题：如果一个人乘坐驶离圣彼得堡的邮政火车，他会发现，在所有经停的车站上，卖报人手里的报纸都是他出发的那一天印发的，这是因为报纸是同旅客

307

一起出发的，之后出版的报纸都要随着之后的邮政火车出发。根据相同的道理推断，当人以声音的速度离开音乐会，会一直听到相同的音乐，那就是离开音乐会的最后瞬间所听到的音乐。

但这个推断是错误的。如果人能以声速离开，那么对这个人来说，声波是静止的，他的耳膜不会产生振动，因此什么声音也听不到，只会以为乐队已经停止演奏了。

我们不禁要问，为什么与邮政火车的例子得出的结论不同呢？那是因为我们用错了类比方法。在每一个车站都能看到同一天报纸的旅客会忘记了自己正在旅行，他以为自己离开莫斯科之后，就没有印发新的报纸了。这种感觉就像是离开了音乐会的人以为乐队停止演奏了一样。

有趣的是，这个问题虽然不算复杂，但科学家也常常感到混淆。我记得，在我还是个学生的时候，曾与一位天文学家争论，因为这个天文学家不同意上面所说的结论，他声称，当我们以声速离开音乐会的时候，我们会听到离开的瞬间所听到的音乐。他在写给我的信中做出了如下的推论：

假设有一个声音在响，它以前是这样响的，以后也会一直是这样响的，在这个空间里，所有观察者听到的都是这个声音，并且这个声音不会减弱。当我们以声速来到任何一位观察者的身边，我们肯定能听到这个声音。

他又以相同的逻辑证明，一个用光速离开闪电的人，眼中会

308

一直看到这道闪电：

想象一下，在这个空间里有一排排的眼睛，每只眼睛都会接收到前一只眼睛所接收到的闪电的光辉，假如你能来到任何一只眼睛的位置，就一定能看到这道闪电。

显然，这两种推论都是不正确的。在这两种情况下，我们听不到音乐，也看不到闪电，从前文的算式中我们可以看出，如果 $v=-c$，波长 l' 将是无限的，这意味着光波并不存在。

***

《趣味物理学·进阶篇》到这里就告一段落了。书中的内容皆经过精简选择才呈送至读者面前。倘若本书能激起读者探索物理学广博世界的兴趣，那么我的任务就算圆满完成了。

雅科夫·伊西达洛维奇·别莱利曼

苏联科普作家，趣味科学创始人。

别莱利曼一生发表了1000多篇文章，出书105本，其中大部分是趣味科普读物。他的《趣味物理学》《趣味代数学》《趣味几何学》《趣味力学》等作品堪称世界科普经典。他的作品还被翻译成汉语、英语、德语、法语、波兰语、西班牙语、葡萄牙语、意大利语、匈牙利语等多种语言，在世界范围内出版发行。

俄罗斯知名科学家、火箭技术先驱者之一格鲁什科称赞别莱利曼是"数学的歌手、物理学的乐师、天文学的诗人、宇航学的司仪"。他将文学语言和科学术语巧妙地融为一体，将生活实践与科学理论有趣地结合在一起。

为了纪念他，月球背面上的一座环形山以他的名字命名。

趣味物理学·进阶篇

作者 _ [苏]雅科夫·伊西达洛维奇·别莱利曼   译者 _ 李依臻

产品经理 _ 黄迪音   装帧设计 _ 吴偲靓   产品总监 _ 李佳婕

技术编辑 _ 顾逸飞   责任印制 _ 梁拥军   出品人 _ 许文婷

果麦
www.guomai.cn

以 微 小 的 力 量 推 动 文 明

图书在版编目(CIP)数据

趣味物理学. 进阶篇 /（苏）雅科夫·伊西达洛维奇·
别莱利曼著；李依臻译. — 昆明：云南美术出版社，
2023.8（2025.3重印）

ISBN 978-7-5489-5423-1

Ⅰ.①趣… Ⅱ.①雅…②李… Ⅲ.①物理学－青少
年读物 Ⅳ.①O4-49

中国国家版本馆CIP数据核字（2023）第139809号

责任编辑：洪　娜
责任校对：梁　媛　李　平　邓　超
产品经理：黄迪音
装帧设计：吴偲靓

趣味物理学. 进阶篇

【苏】雅科夫·伊西达洛维奇·别莱利曼 著　　李依臻 译

出版发行：云南美术出版社（昆明市环城西路609号）
制版印刷：河北鹏润印刷有限公司
开　　本：880mm×1230mm 1/32
印　　张：10
字　　数：250千字
版　　次：2023年8月第1版
印　　次：2025年3月第3次印刷
印　　数：11,001－14,000
书　　号：ISBN 978-7-5489-5423-1
定　　价：45.00元